地区电网电力调控专业技术知识读本

云南电网有限责任公司玉溪供电局　廖威　主编

U0238203

中国水利水电出版社
www.waterpub.com.cn
·北京·

内 容 提 要

本书是地区电网电力调控专业技术知识读本和培训教材。全书共三章，包括运行操作、事故处理和案例分析。

本书主要供地、县电力调度控制中心调控员以及电气工程技术人员阅读、学习，也可作为高等院校电气工程及其自动化专业本科及研究生的实践教材和参考书。

图书在版编目（ＣＩＰ）数据

地区电网电力调控专业技术知识读本 / 廖威主编
. -- 北京 ： 中国水利水电出版社，2017.12
ISBN 978-7-5170-6086-4

Ⅰ．①地… Ⅱ．①廖… Ⅲ．①地区电网－电力系统调
度 Ⅳ．①TM727.2

中国版本图书馆CIP数据核字(2017)第295131号

书　　名	地区电网电力调控专业技术知识读本 DIQU DIANWANG DIANLI DIAOKONG ZHUANYE JISHU ZHISHI DUBEN
作　　者	云南电网有限责任公司玉溪供电局　廖威　主编
出版发行	中国水利水电出版社 （北京市海淀区玉渊潭南路1号D座　100038） 网址：www.waterpub.com.cn E-mail：sales@waterpub.com.cn 电话：（010）68367658（营销中心）
经　　售	北京科水图书销售中心（零售） 电话：（010）88383994、63202643、68545874 全国各地新华书店和相关出版物销售网点
排　　版	中国水利水电出版社微机排版中心
印　　刷	三河市鑫金马印装有限公司
规　　格	184mm×260mm　16开本　8.25印张　135千字
版　　次	2017年12月第1版　2017年12月第1次印刷
印　　数	0001—1500册
定　　价	**40.00元**

《地区电网电力调控专业技术知识读本》

编撰委员会

主　　编　廖　威

副主编　郭　伟　张雍忠　白建林

编　　委　张春辉　徐　扬　叶小虎　张　云　丁五强

　　　　　乔连留　袁　伟　杜　虎　张　琨　李邦源

　　　　　路天君　杨　睿　邵其专　何光层　彭文英

　　　　　郑　伟　王金芹

审定委员会

主任委员　郭　伟

审定委员　黄　霆　陈汝昌　邵其专　何光层　张雍忠

　　　　　杭　斌　白建林　潘　蕊　张碧华　郑　伟

　　　　　彭文英　廖　威

前　言

中国南方电网公司秉承"人民电业为人民"的企业宗旨，发挥电网企业联系千家万户的基础服务作用，赢得社会各界对公司的情感认同、价值认同。将创新和发展作为员工始终保持的第一动力，是创建创新型企业的关键。作为电网实时运行指挥中心的电网调控员作用举重若轻，其自身业务技能、可持续创新能力将直接影响全局。

本书在系统归纳和总结工作实践经验的基础上，以案例的方式，对实际工作中的电网基本操作、电网事故处理等专业技术知识进行了详细的阐述，内容覆盖面广、针对性强，是一本实用的电网调控员知识读本和培训教材。

本书在编写过程中，得到了云南电力调度控制中心、曲靖电力调度控制中心、保山电力调度控制中心、瑞丽电力调度控制中心易门电力调度控制中心、云南电网有限责任公司玉溪供电局各级领导的关怀和云南电网有限责任公司玉溪供电局各部门、各县级供电企业的大力支持与帮助。在编写人员反复研究、修改的基础上，征求了各专业班组、各县电力调度控制中心及电厂专业人士的意见。编写过程中，云南电力调度控制中心黄霆、陈汝昌、邵其专、何光层同志对编写大纲和全书进行了认真审阅，并提出了许多宝贵意见；曲靖电力调度控制中心郑伟、保山电力调度控制中心彭文英等结合各自专业经历提出了编写建议并对全书进行了审阅；易门电力调度控制中心丁五强全程参与了教材编写，在此一并谨表谢意。

本书由云南电网有限责任公司玉溪供电局系统运行部有关专家编写。由于编者水平和能力有限，加之编写时间仓促，书中难免有错误和不妥之处，敬请读者和相关专业技术人员批评指正。

编者

2017 年 9 月

目 录

第一章

运 行 操 作

第一节 操 作 制 度

（1）电网的运行操作应根据调度管辖范围的划分，实行统一调度、分级管理。

1）属调度机构管辖范围内的设备，由其直接进行操作和运行调度管理，只有相应的调度机构值班调度员有权发布倒闸操作指令和改变运行状态。

2）上级调度机构的调度许可设备，在操作前必须经上级值班调度员同意，操作后汇报。

3）在威胁电网安全、不采取紧急措施可能造成严重后果的情况下，上级调度机构值班调度员可越级对下级调度机构管辖范围内的设备进行操作指挥，但事后应尽快通知下级调度机构值班调度员。

（2）电网的运行操作分为电气操作、工况调整等。电气操作是指将电气设备状态转换、一次系统运行方式变更、继电保护定值调整、装置的启停用、二次回路切换、自动装置投切、试验等所进行的操作执行过程。工况调整是指将电网或设备由当前运行工况调整到另一个运行工况，主要是指调整频率、电压、发电出力、潮流、相角差等。

（3）值班调度员应优化操作过程，合理安排操作后的电网运行方式。因此在发布电网操作指令前，应认真考虑以下几点：

1）电网运行方式安排是否合理，稳定是否符合规定的要求，相应的备用容量是否合理安排。应采取的相应措施是否完善，并拟定必要的事故预想和防止事故的对策。

2）操作后可能引起的潮流、电压和频率的变化，发电机失步，操作过电压，设备过负荷，超稳定极限等。

3）继电保护和安全自动装置是否满足要求，变压器中性点接地方式是否符合规定。

4）送电前相序或相位是否一致。

5）由调度下令的安全措施是否装设或拆除（特别注意"T"接线路）。

6）由于运行方式的改变，对电网中发、供、用电各方面的影响和要求，是否已通知相关单位，并采取相应的措施。

7）操作顺序如何安排为最优。

（4）调度操作指令分为综合令、单项令和逐项令三种，在逐项令中可以包含有综合令。

1）综合令是指值班调度员说明操作任务、要求、操作对象的起始和终结状态，具体操作步骤和操作顺序项目由受令人拟定的调度指令。只涉及一个受令单位完成的操作才能使用综合令。

2）单项令是指由值班调度员下达的单项操作的操作指令。

3）逐项令是指根据一定的逻辑关系，按顺序下达的多条综合令或单项令。

4）不论采取何种指令形式，务必使运行操作人员清楚该项操作的目的、要求，必要时提出注意事项。

（5）值班调度员在发布操作指令前，应核对一次接线，检查操作程序，务必使操作程序正确，并预先向有关单位说明操作目的，明确操作任务及要求。相关现场人员应根据值班调度员的上述要求及现场运行规程，准备相应的现场操作票。

（6）值班调度员对其所发布操作指令的正确性负责，但不负责审核有关现场值班人员所填写的具体操作步骤、内容；有关现场值班人员对填写的操作票中所列具体操作内容、顺序等的正确性负责。

（7）调整继电保护及安全自动装置时，由值班调度员下达对装置的功能性要求，厂站人员按现场运行规程操作，满足功能性要求。继电保护及安全自动装置的现场运行规程中应明确继电保护、安全自动装置的连接片、切换开关、控制字修改等的具体操作要求和操作细则。

（8）操作接令人汇报值班调度员的操作结果必须是经过检查核实后的设备状态，如断路器、隔离开关、接地开关、二次设备等的实际状态正确，电流、电压、保护切换回路等的实际情况。

（9）在操作过程中，调度系统运行值班人员必须注意力集中，并做到以下几点：

1）严肃、认真，用语简明、扼要，正确使用调度规范用语。

2）彼此通报姓名。联系时要彼此通报全名"×××（单位）×××（姓名）"。对于集控站和变电运行人员，进行调度联系时通报姓名的要求如下：

- 集控站：××集控站×××（姓名）。不得省略"集控站"。
- 巡检班：××kV××变电站×××（姓名）。其中"××kV××变电站"按巡检班已到达无人值班变电站的站名确定。

3）双重命名。即带电压等级的设备名称、设备编号缺一不可，如"×××kV（设备名称）×××（设备编号）"。对于集控站，设备双重命名前还应冠以带电压等级的无人值班变电站站名或厂名。

4）复诵。发布调度指令和汇报操作的执行结果时，受令人或下令人须将对方所说的内容进行原文重复表述，并得到对方的认可。

5）录音和记录。调度业务联系双方必须录音，并做好操作记录。

6）严禁只凭经验和记忆发布及执行调度指令。严禁在无人监护情况下进行运行操作或与运行操作有关的调度业务联系。

7）操作过程中应充分利用调度自动化系统有关遥测、遥信等辅助功能核实操作的正确性。

8）操作过程中有疑问、发现设备异常或跳闸时，应暂停操作、弄清情况、消除异常和隔离故障后，再决定是否继续操作。

（10）值班调度员发布的操作指令（或预发操作任务）一律由具备"可接受调度指令"资格的人员接令，其他人员不得接令，值班调度员也不得将调度指令（或预发操作任务）发给其他人员。

（11）以下操作值班调度员可不填写调度操作指令票，但应填写调度操作指令记录或新设备投产调度指令记录，并做好运行记录。

1）只涉及一个受令单位的单一元件的操作，常见的操作包括：单一断路器状态改变；单一厂站自动装置的投、退；发电机（调相机）的并列、解列；220kV及以下电压等级的母线（非3/2接线方式）状态改变；220kV及以下电压等级主变（非内桥接线方式）的状态改变。

2）新设备投产启动、调试（值班调度员按有关新设备投产调度方案执行）。

3）不涉及其他设备状态改变的旁路代供操作。

4）运行设备继电保护和自动装置的投入、退出（包括定值区调整）。

5）事故处理和紧急情况处置。

（12）除上一条所列情况外，其余倒闸操作均须填写调度操作指令票，并严格按票执行，严禁无票操作。

（13）调度操作指令票的填写要求如下：

1）调度操作指令票应根据日调度计划（含方式变更单、调度操作方案）、检修停电申请，充分了解现场工作内容及要求，认真核对安全措施、交接班记录、设备当前的运行状态等，明确操作任务。做到目的明确、任务清楚、逻辑严密、顺序正确，不得错项、漏项、倒项，操作内容无歧义，填写的内容符合有关规程、规定的操作原则。

2）填写调度操作指令票时应正确使用统一规范的术语和设备双重名称（即设备名称和设备编号）并加电压等级。

3）调度操作指令票一般由当班副值调度员负责填写，当班正值调度员和值班负责人负责审核，由填票人、审核人、值班负责人分别签名生效后方可执行。

4）调度操作指令票在满足操作任务技术要求的前提下，应优化操作步骤。

5）同一设备的停电操作票、送电操作票应分别填写，不允许填写在同一份操作票上。

（14）调度操作指令票的执行。

1）调度操作指令票的执行必须由两人进行，其中一人下令，另一人监护。一般由当班副值调度员发令，正值调度员监护。严禁两个调度员同时按照同一份调度操作指令票分别对两个受令单位下达调度指令。

2）值班调度员按经过审核的调度操作指令票顺序逐项下达操作指令，对每一项操作应及时填写发令人、发令时间、受令人，在接到现场执行完成情况汇报后，应及时填写完成时间、汇报人。严禁不按调度操作指令票而凭经验和记忆进行操作。

3）受令人必须得到发令人的调度指令，并记录发令时间后，方能进行操作。

4）严格执行彼此通报姓名、复诵、录音制度，逐项记录操作时间。

5）操作完毕后，监护人应对调度操作指令票全面审查，以防遗漏。

（15）除紧急情况、重要操作或系统事故外，倒闸操作应避免在雷雨、大风等恶劣天气、交接班时进行，必要时应推迟交接班。

（16）在任何情况下，严禁"约时"停、送电及"约时"装拆接地线和"约时"开工检修。

（17）当同时出现事故跳闸、紧急缺陷、计划检修及新设备投产操作等多项工作时，值班调度员按以下顺序分别进行处理：

1）事故跳闸隔离故障和恢复送电的操作。

2）需立即停电的紧急缺陷处理的操作。

3）有可能造成延时送电的计划检修工作结束，恢复送电的操作。

4）不需要立即停电的紧急缺陷处理的操作。

5）计划检修停复电操作。

6）影响正常设备恢复供电的新设备投产操作。

7）除上一条规定之外的新设备投产操作。

8）其他。

（18）接地开关（接地线）管理规定如下：

1）厂站及配网设备线路侧的接地开关和代替线路侧接地开关功能的接地线由管辖调度机构值班调度员直接下令操作。

2）厂站及配网设备（主要包括断路器、母线、主变等）对应的接地开关（接地线）由运行值班人员负责操作及管理。现场在向值班调度员汇报设备处于"冷备用"状态时，应确认该设备已无任何接地安全措施。

3）凡属线路检修工作人员在停电线路工作范围内装设的接地线，由现场工作负责人负责操作及管理。线路停电后，经值班调度员许可，线路工作负责人根据工作票内容要求装设接地线，待相关工作结束后，线路工作负责人应将装设的接地线拆除，将设备恢复至调度员许可工作前的状态后汇报调度。

4）发电厂、变电站主变中性点接地方式由管辖调度机构确定，调度员只下令厂站的中性点接地数目，变压器中性点接地开关由厂站值班人员负责操作及管理。

5）现场在调度许可的停电设备上做安全措施时，操作应符合有关安全规程的要求，不得影响其他运行设备的正常运行。

第二节　基　本　操　作

一、断路器操作

（1）断路器允许断、合额定电流以内的负荷电流及额定遮断容量以内的故障电流。

（2）断路器合闸前，继电保护必须按照规定投入；断路器合闸后，应检查三相电流是否平衡，自动装置按规定设置。

（3）断路器分闸后，应检查三相电流是否为零，并现场核实。

（4）断路器分（合）闸操作时，如发生断路器非全相分（合）闸，按断路器异常情况有关规定处理。

（5）用旁路断路器代供时，旁路断路器保护应按代供定值正确投入，先用旁路断路器向旁路母线充电正常后，再继续操作，在确认旁路断路器三相均已带上负荷后方可断开被代供断路器。所代断路器与旁路断路器不在同一段母线上时，必须确认母联断路器在运行状态。

（6）断路器操作出现远方操作失灵时，在现场规程允许的情况下，方可进行现场操作，但必须三相同时操作，不得进行分相操作。

二、隔离开关操作

（1）允许使用隔离开关进行下列操作：

1）拉、合无故障的电压互感器及避雷器（无雷、雨时）。

2）无接地故障时，拉、合变压器中性点接地隔离开关或消弧线圈。

3）母线倒闸操作，拉、合同电压等级经断路器或隔离开关闭合的站内环流（拉、合前先将环路内断路器操作电源切除）。

4）拉、合电容电流在隔离开关允许值内的空母线及空载线路。

5）超过上述范围时，必须经过试验，并经设备运行维护单位确认。

（2）500kV隔离开关不能进行下列操作：

1）带负荷拉、合短引线。

2）向母线充电或切空载母线（如需操作，须经设备运行维护单位确

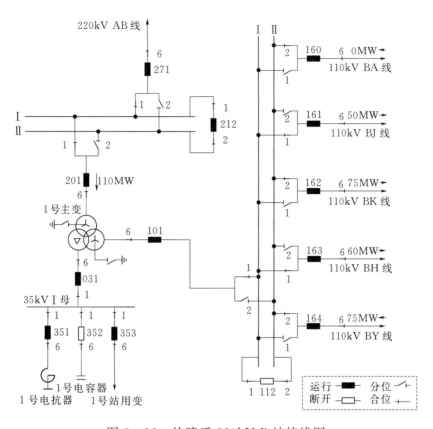

图 3-16　故障后 220kV B 站接线图

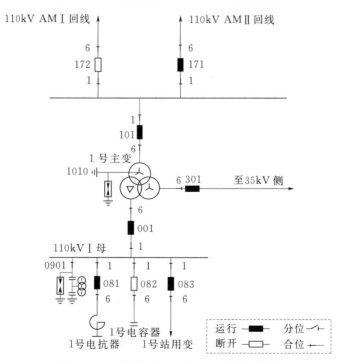

图 3-17　故障后 110kV M 站接线图

案 例 八

故障前局部电网潮流及接线图如图 3-18 所示。220kV A 站 220kV 侧为双母线接线，220kV 2 号主变高、中压侧中性点接地运行，220kV 1 号主变高、中压侧中性点不接地，220kV 主变容量均为 140MVA。220kV B 站与 220kV A 站间由 220kV AB 线以及 110kV BA 线相连，110kV 部分分列运行，220kV B 站主变容量为 120MVA，如图 3-19 和图 3-20 所示。

110kV 线路热稳均为 100MW，110kV 变电站均为负荷端，无小水电接入。单线供电的 110kV 变电站无其他 110kV 备供路径。所有 110kV 线路均未配置纵联保护，断路器不配置失灵保护。

110kV M 变由 110kV AM Ⅰ回线主供，110kV AM Ⅱ回线备供，110kV 配置有备自投装置，并正常投入，如图 3-21 所示。

X 水电站由地调管辖，装机容量为 2 台 30MW 机组，通过 110kV FX 线接入 220kV A 站，开 1 号、2 号机组，负荷带 40MW，系统需要时可以满带。

Y 水电站由地调管辖，装机容量为 2 台 50MW 机组，通过 110kV BY 线接入 220kV B 站，开 1 号、2 号机组，负荷带 70MW，系统需要时可以满带。

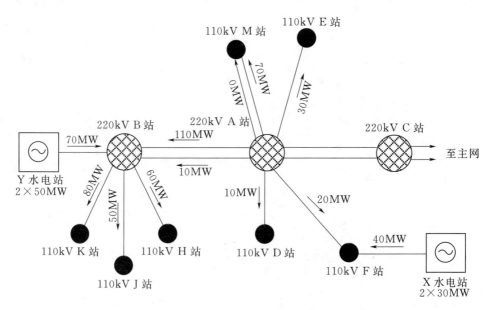

图 3-18　故障前局部电网潮流及接线图

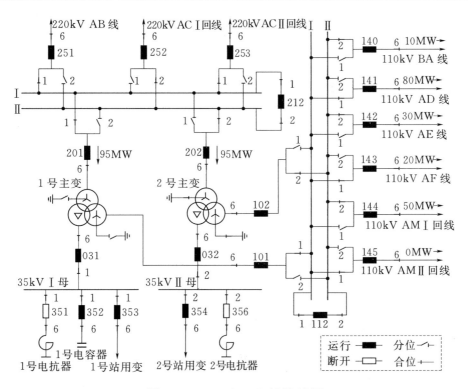

图 3-19　220kV A 站接线图

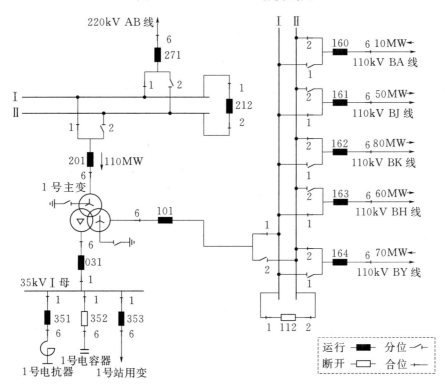

图 3-20　220kV B 站接线图

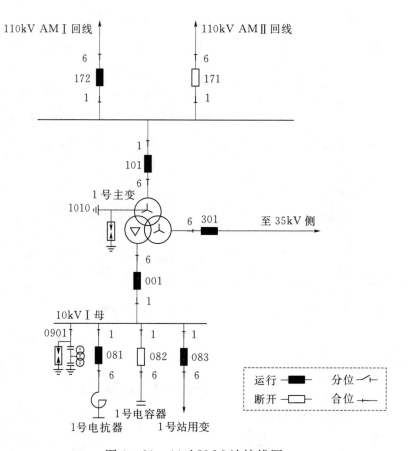

图 3-21　110kV M 站接线图

某日，110kV AE 线 220kV A 站附近 B 相接地故障，110kV AE 线 142 断路器三相未分闸。

1. 问题

（1）试说明故障现象、保护动作情况，并分析保护动作行为。

（2）试根据故障后的系统，简述故障处置思路。

2. 答案要点

问题（1）答案要点如下：

故障现象：220kV A 站 110kV 母联 112 断路器跳闸，220kV 2 号主变三侧断路器跳闸（或仅中压侧断路器跳闸），110kV M 站备自投装置动作，跳开 110kV AM Ⅰ 回线 172 断路器，合上 110kV AM Ⅱ 回线 171 断路器。故障后，220kV A 站 110kV Ⅱ 母失压，110kV Ⅱ 母上 110kV AM Ⅰ 回线 144 断路器、110kV BA 线 140 断路器、110kV AE 线 142 断路器仍在合位。

220kV B 站 110kV BA 线 160 断路器跳闸，Y 水电站与 110kV K 站形成独立网运行（因 Y 水电站出力与 K 站负荷基本平衡，若被考描述此片区电网瓦解如何处置的思路时，评委可提醒被考不用考虑独立网瓦解）。

110kV E 站失压。

保护动作情况：220kV A 站 110kV AE 线线路零序I段、距离I段保护动作跳 142 断路器，故障录波器显示 B 相接地故障；因 110kV AE 线 142 断路器拒动，220kV A 站 220kV 2 号主变中压侧零序后备保护动作跳开 110kV 母联 112 断路器（一般是零序过流Ⅰ段Ⅰ时限保护动作）；跳开 220kV 2 号主变三侧断路器（零序过流Ⅰ段Ⅱ时限保护动作，也可能只跳中压侧断路器）。

因 110kV BA 线带有电厂，会向 110kV BA 线提供短路电流，220kV B 站 110kV BA 线零序Ⅱ段或Ⅲ段、接地距离Ⅱ段或Ⅲ段保护动作跳 110kV BA 线 160 断路器。（只要回答到 220kV B 站 110kV BA 线线路后备保护动作即可。）

110kV M 站 110kV 母线失压后，110kV 备自投装置动作，跳开 110kV AM Ⅰ回线 172 断路器，合上 110kV AM Ⅱ回线 171 断路器。

110kV K 站所供负荷低周减载动作，切除了部分负荷。

问题（2）答案要点如下：

（1）220kV A 站 110kV Ⅱ母跳闸后，因 110kV M 站倒由 110kV AM Ⅱ回线供电，导致 1 号主变负荷加重，达到了 150MW，超出主变容量 140MVA，应立即增加 X 水电站出力，使 1 号主变负荷在额定容量范围内，同时还应考虑电压问题。

（2）Y 水电站与 110kV K 站形成独立网运行，应立即指定 Y 水电站为调频调压电厂，电压按 110kV±20% 控制，频率按 50Hz±0.5Hz 控制。110kV K 站低频装置切除负荷暂不能恢复。

（3）断开相关厂站失压断路器。

（4）将 110kV E 站情况及时通知相关相应用户，自行考虑运行方式，有条件的应考虑通过低压侧转供重要负荷。提醒各站考虑好站用电。

（5）220kV A 站 220kV 2 号主变跳闸后高、中压侧失去了中性点，需将中性点切换至 1 号主变。

（6）将 Y 水电站与 110kV K 站形成的独立网经 220kV B 站 110kV 母联 112 断路器同期并网，并网后恢复 110kV K 站低频装置，切除负荷时应注意

K 站负荷与 Y 水电站出力的平衡，不能造成 220kV B 站主变过载。

（7）110kV M 站此时仅剩单回线供电，应退出 110kV 备自投装置。

（8）确认 220kV A 站内仅 110kV AE 线线路保护动作后，拉开 110kV AE 线 142 断路器两侧隔离开关。

（9）优先考虑从 B 站侧恢复 110kV BA 线运行，然后在 A 站侧用 110kV BA 线（外来电源）对 110kV Ⅱ 母充电。

（10）检查 2 号主变外观及一次设备无异常，且只有后备保护动作，差动保护及重瓦斯保护均未动作后，将 2 号主变恢复运行。

（11）增加 Y 水电站出力，将 220kV AB 线＋110kV BA 线断面潮流控制在 100MW 以内后，用 A 站侧 220kV 2 号主变 110kV 侧 102 断路器同期合环，断开 220kV B 站 110kV 母联 112 断路器。

（12）恢复 110kV AM Ⅰ 回线运行，恢复 110kV M 站为正常方式，并按正常方式投入备自投装置，均衡 220kV A 站两段 110kV 母线的潮流。

（13）220kV A 站 110kV Ⅱ 母跳闸，导致 110kV E 站全站失压，及时汇报省调有 110kV 变电站全站失压情况。

（14）将 110kV AE 线线路及 142 断路器间隔转至检修状态，通知检修人员检查处理。

故障后潮流及接线图如图 3-22～图 3-25 所示。

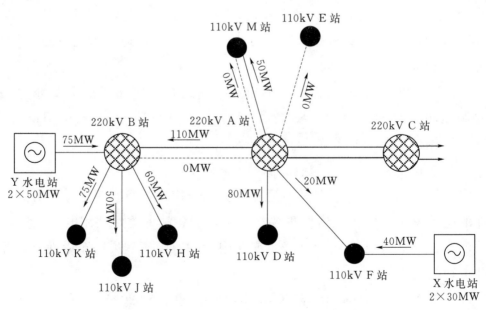

图 3-22　故障后局部电网潮流及接线图

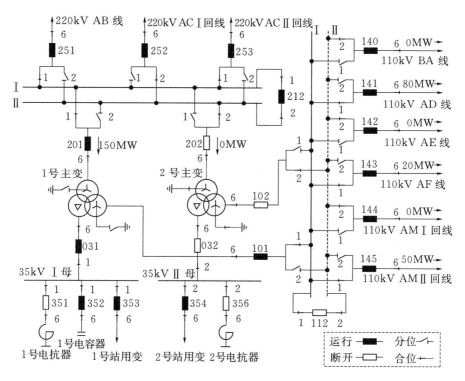

图 3-23 故障后 220kV A 站接线图

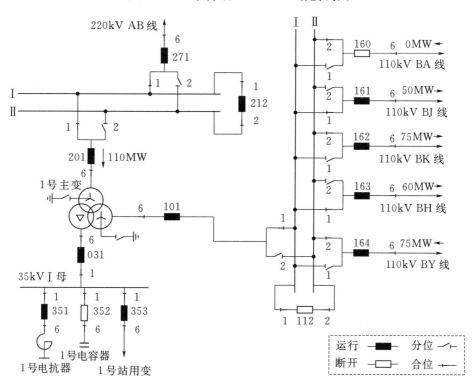

图 3-24 故障后 220kV B 站接线图

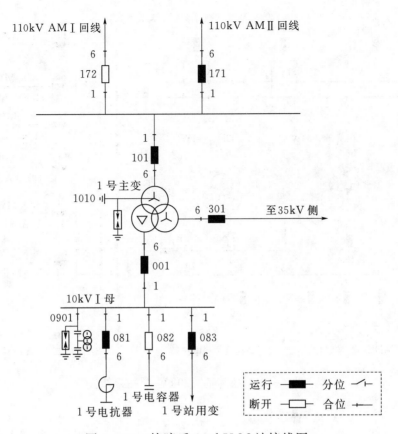

图 3-25　故障后 110kV M 站接线图

案 例 九

系统接线及潮流图如图 3－26 所示。220kV 系统为省调管辖，110kV 系统为地调管辖。220kV B 站 220kV 侧为双母线接线，220kV 1 号主变高、中压侧中性点接地运行；220kV 2 号主变高、中压侧中性点不接地运行，双主变容量均为 140MVA。110kV 侧为双母线接线。如图 3－27 和图 3－28 所示，220kV B 站供四个 110kV 变电站（110kV E 站、F 站、G 站、H 站）负荷，四个 110kV 变电站均无小水电接入。110kV F 站采用由 110kV BF 线主供、110kV AF 线备供的方式，110kV 1 号主变高压侧中性点接地，站内备自投装置因有计划检修工作退出。110kV E 站、G 站、H 站 110kV 主变中性点均不接地，110kV 线路均不配置纵联保护，断路器不配置失灵保护。110kV 线路极限为 100MW。

Y 水电站装机容量为 2×40MW，地调管辖，110kV 为单母线接线，水电站 110kV 1 号主变中性点接地运行，开 1 号机带负荷 20MW，2 号机组备用，两台机均可带满出力。

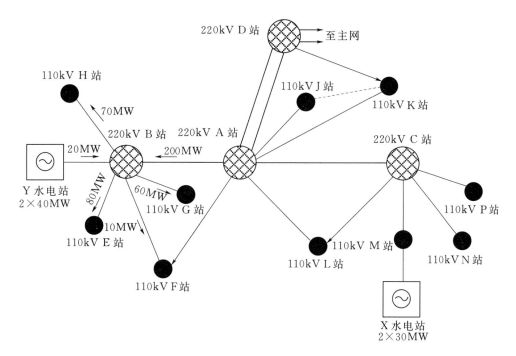

图 3－26 系统接线及潮流图

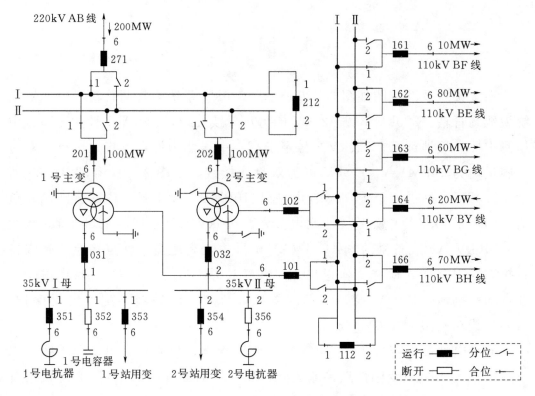

图 3-27　220kV B 站接线图

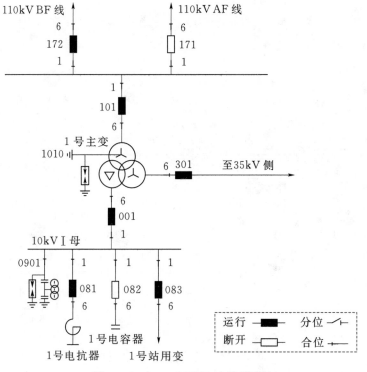

图 3-28　110kV F 站接线图

某日 10：20，110kV BF 线发生 A 相故障，重合闸动作成功。两侧站内检查一次、二次设备正常，但 B 站发现故障后 110kV BF 线三相电流不平衡，A 相电流比 B 相、C 相低很多；10：25，110kV F 站所供硅厂起炉，负荷增加 30MW，增加负荷过程中 220kV B 站 110kV BF 线零序 IV 段动作，161 断路器三相未分闸。

1. 问题

（1）根据故障现象，分析后续保护动作行为及事故原因。

（2）根据故障后的系统，简述事故处理的思路。

2. 答案要点

问题（1）答案要点如下：

110kV BF 线跳闸后，根据 B 站 A 相电流明显比 B 相、C 相电流低及保护动作行为，可以判断 110kV BF 线发生了非全相运行。

10：20，110kV BF 线 A 相接地故障发生同时重合成功后，两侧站内检查一次设备正常，可判断发生非全相运行的原因应该是在线路上 A 相已断开。此时 220kV B 站、F 站以及 Y 水电站 110kV 侧都有中性点接地，系统中已经有零序电流，但由于 110kV BF 线负荷不大，零序电流也不大，达不到保护动作条件。10：25，110kV F 站硅厂起炉负荷增加，加大了线路的电流，同时零序电流也随之增大，220kV B 站 110kV BF 线零序 IV 段动作，切除 161 断路器时断路器拒动，由 220kV 1 号主变中压侧零序后备保护跳开 110kV 母联 112 断路器，跳开主变三侧断路器。

问题（2）答案要点如下：

（1）B 站侧 220kV 1 号主变跳闸后，2 号主变负荷将会加重至 130MW，需增加 Y 水电站的出力，以减轻主变的下网负荷。同时还应考虑 B 站 1 号电抗器切除后的电压问题。

（2）B 站 110kV I 母线跳闸，导致 110kV F 站、G 站全站失压，应考虑好失压变电站站用电情况，及时通报省调有 110kV 变电站、220kV 主变失压情况。

（3）将 110kV F 站、G 站变电站情况及时通知相关各大用户及县电力公司，自行考虑运行方式，有条件的考虑通过低压侧转供负荷。

（4）B 站 220kV 1 号主变跳闸后高、中压侧失去了中性点，此时需将 2 号主变高压侧、中压侧的中性点接地开关合上。

（5）拉开 B 站 110kV BF 线 161 断路器两侧隔离开关，通知检修人员进站处理缺陷。

（6）合上 B 站 110kV 母联 112 断路器，对 110kV 母线及 110kV BG 线充电（若不能母线带线路一起送电，则需逐级送电）。

（7）落实 110kV F 站站用电可以可靠供电后，断开 110kV F 站 110kV BF 站 172 断路器，同时将其 1 号主变转为热备用状态。合上 110kV F 站 110kV AF 线 171 断路器对母线充电正常（若规程允许，可直接对母线及主变充电），逐步恢复主变及负荷。

（8）落实 B 站 220kV 1 号主变保护动作仅为后备保护动作及无差动、重瓦斯保护动作情况后，恢复 220kV 1 号主变运行。

（9）将 110kV BF 线线路转至检修状态处理断线缺陷。

故障后系统及 220kV B 站潮流和接线图如图 3-29 和图 3-30 所示。

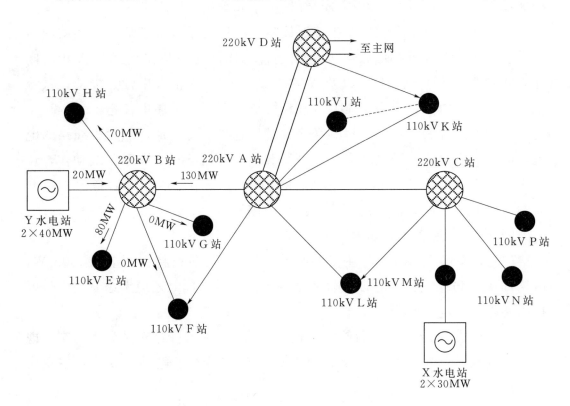

图 3-29　故障后系统潮流图

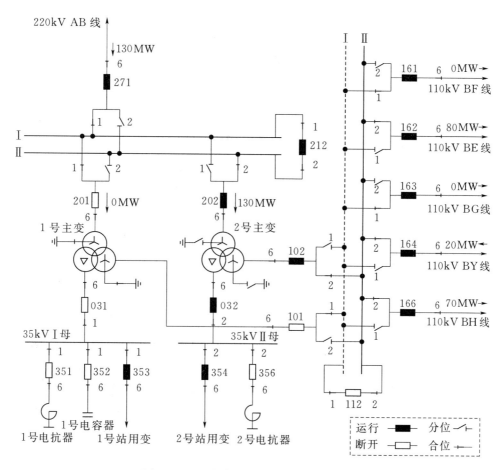

图 3-30　故障后 220kV B 站潮流图

案 例 十

系统接线和潮流图如图 3-31 所示。220kV 系统为省调管辖，110kV 系统为地调管辖。X 水电站装机容量为 2×30MW，地调管辖，开 2 台机带出力 50MW，需要时 2 台机可带满出力。

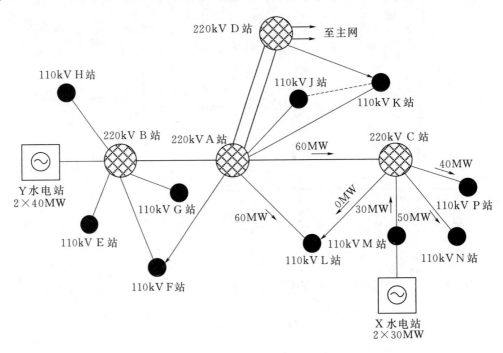

图 3-31　系统接线和潮流图

220kV C 站为 220kV 双母线接线，220kV 1 号主变高压侧、中压侧中性点接地运行（图 3-32）。110kV 侧为双母线带旁路接线。220kV C 站供三个 110kV 变电站（M 站、N 站、P 站）负荷，三个 110kV 变电站内均无小水电接入。110kV 线路均不配置纵联保护，断路器不配置失灵保护。110kV 线路极限 100MW。断路器均有同期装置。110kV L 站 110kV 为单母线接线，由 110kV AL 线主供，110kV CL 线备供（图 3-33）。备自投装置投入，适应进线备投形式。

某日，C 站值班长发现变电站附近有山火，火势很大，影响 220kV AC 线、110kV CN 线运行。5 分钟后，110kV CN 线 C 相故障，C 站 153 断路器三相未分闸。

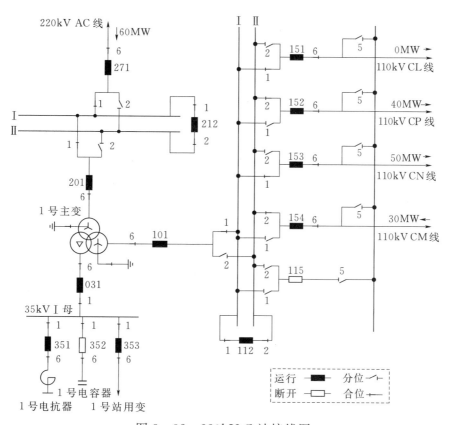

图 3-32 220kV C 站接线图

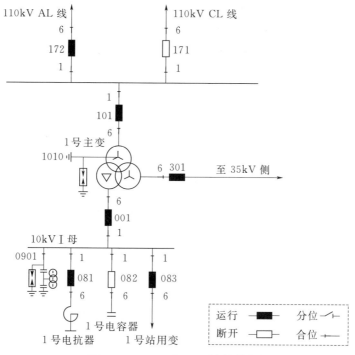

图 3-33 110kV L 站接线图

1. 问题

（1）请说明故障后的事故现象及保护动作行为。

（2）简述调度事故处理的思路，恢复时须逐级送电。

2. 答案要点

问题（1）答案要点如下：

（1）110kV CN 线发生近区故障但 C 站 153 断路器拒动三相未分闸，由 220kV 1 号主变中压侧后备保护切除 110kV Ⅰ 母和主变三侧断路器，导致 110kV N 站全站失压，110kV CL 线失压。X 水电站出力与 M 站、P 站负荷接近，形成独立网运行（若考生做题过程中答孤立网瓦解，可对其进行提示）。

（2）保护动作行为：110kV CN 线 C 站侧零序Ⅰ段、距离Ⅰ段保护动作出口跳 153 断路器，故障录波显示 C 相接地故障。C 站 220kV 主变中压侧零序后备保护跳开 112 断路器，跳开 220kV 1 号主变三侧断路器。

问题（2）答案要点如下：

（1）地调指定 X 水电站作为独立网调频调压电厂，做好独立网调频调压工作，频率按 50 Hz±0.5Hz，电压按 110kV±20% 控制。

（2）110kV N 站全站失压、C 站 220kV 1 号主变失压情况及时通报省调，并做好站用电的切换。

（3）将 N 站失压情况及时通知相关各大用户及县电力公司，自行考虑运行方式，有条件的考虑通过低压侧转供负荷。

（4）断开 C 站 110kV CL 线 151 断路器及 110kV CN 线 N 变侧断路器。

（5）退出 110kV L 站备自投装置。

（6）拉开 C 站 110kV CN 线 153 断路器两侧隔离开关对断路器进行隔离，通知检修人员进站处理缺陷。

（7）由于变电站附近山火很大，220kV 线路随时有跳闸可能，应首选用 110kV CL 线恢复 C 站母线。考虑好线路保护和重合闸方式后，由 110kV L 站侧 171 断路器对线路充电。

（8）合上 C 站 110kV CL 线 151 断路器对 110kV Ⅰ 母送电。

（9）通过 C 站 110kV 112 断路器经同期并列将独立网并入主网。逐步恢复负荷时，注意控制 110kV AL 上网潮流不超 100MW，适当增加 X 水电站出力，注意各变电站主变中性点的调整。

（10）C 站旁路代供 110kV CN 线运行，逐步恢复 N 站负荷。

（11）恢复 C 站 220kV 1 号主变。因山火影响可考虑 220kV/110kV 电磁环网合环运行。注意控制电磁环网内任意线路跳闸其他线路潮流不超 100MW。

故障后系统和 220kV C 站潮流图如图 3-34 和图 3-35 所示。

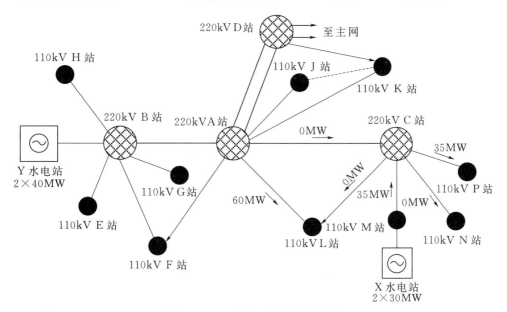

图 3-34　故障后系统潮流图

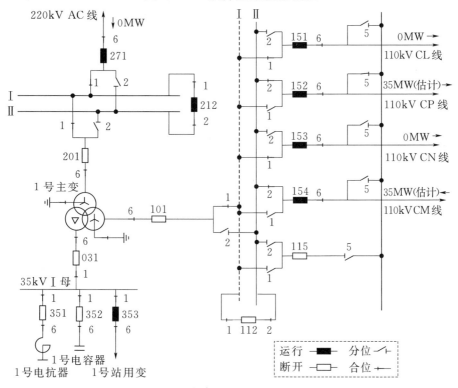

图 3-35　故障后 220kV C 站潮流图

案 例 十 一

系统接线及潮流如图 3-36 所示，220kV 系统为省调管辖，110kV 系统为地调管辖。110kV 变电站均为负荷端，无小水电接入，单线供电的 110kV 变电站无其他 110kV 备供路径。

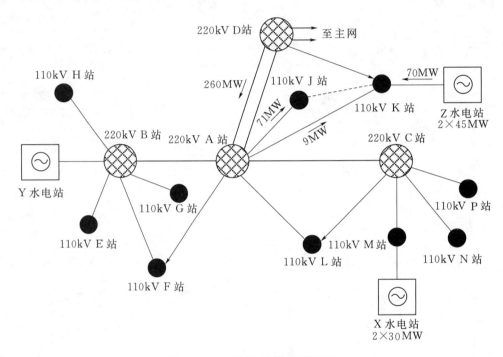

图 3-36　系统接线及潮流图

Z 水电站由地调管辖，装机容量为 $2 \times 45MW$，通过 110kV KZ 线接入 110kV K 站，1 号、2 号机均开机，全厂出力 70MW，系统需要时负荷可以满带。

110kV K 站（主接线如图 3-37 所示）由 110kV AK 线主供，110kV DK 线备供，K 站侧 171 断路器处热备用状态作为系统断环点，有备自投装置，可实现进线和分段断路器备投。110kV K 站 1 号、2 号主变型号均为 SFSZ11-63000/110，1 号主变中性点接地运行。K 站 110kV、35kV 母线并列运行，10kV 母线分列运行；35kVⅠ母、10kVⅠ母、Ⅱ母供城市负荷，其上均有重要用户，不能中断供电，35kV K3 线为硅厂专用线路，不能长时间停电且无其他电源；35kV JK 线由 110kV J 站充空线运行（图 3-36 中虚线为 35kV 线路），K 站侧 344 断路器处热备用状态。110kV AK 线、DK 线主保护均为光纤差动保护，断路器均配备同期装置，110kV 线路稳定极限均为 100MW。

1. 问题

（1）10：47，110kV K 站附近突发雷雨大风天气，一块塑料薄膜被吹到 K 站 110kV 分段 112 断路器与 1122 隔离开关之间的 A 相引流线上，引起 A 相永久故障，K 站 174 断路器拒动，试述保护动作情况。

（2）试述故障后处置思路。

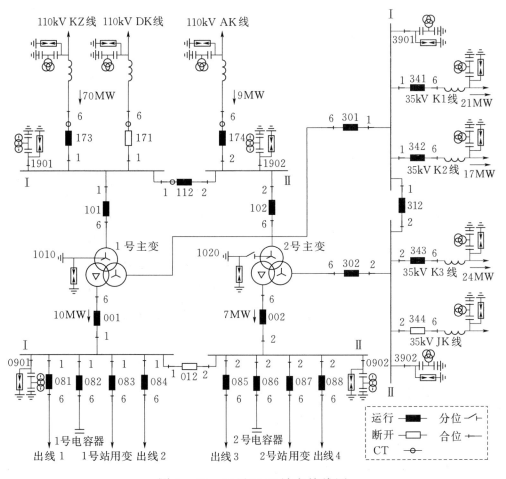

图 3-37 110kV K 站主接线图

2. 答案要点

问题（1）答案要点如下：

因 112 断路器间隔 CT 安装于 112 断路器与 1121 隔离开关之间，因此 112 断路器与 1122 隔离开关之间 A 相引流线永久故障后，110kV 母差保护动作跳开Ⅱ段母线上的 112 断路器、102 断路器、174 断路器，但 174 断路器拒动，故障未切除，A 站侧 110kV AK 线后备保护（距离Ⅱ段、零序Ⅲ段）动作，跳开 A 站侧 AK 线断路器，将故障切除。因母差保护动作跳闸，110kV 备自投装置被闭锁，不会实现 110kV DK 线 K 站侧 171 断路器的自动备投。

问题（2）答案要点如下：

故障后，Z 水电站、K 站形成独立网稳定运行（因故障前 110kV AK 线下网负荷仅 9MW，因此故障后稳定运行概率很大，不考虑独立网瓦解的情况），需尽快将独立网通过 110kV DK 线并入主网。

独立网并入主网后，DK 线单线供 K 站的 1 号主变，1 号主变通过 35kVⅠ段、Ⅱ段母线供 2 号主变中低压侧运行（102 断路器故障时已经跳闸）。因 1 号主变容量为 63kVA，故障后通过 1 号主变高压侧的潮流为 79MW，过载倍数 1.3 倍（功率因素按 0.95 考虑，增加 Z 水电站出力对缓解 1 号主变下网无作用），且处于早高峰负荷上升时期，需要尽快消除主变过载，考虑将 35kV K3 线供的硅厂调走至 35kV JK 线供电，且只能停电调电（如通过 JK 线 344 断路器合环调电，则将形成"J 站—35kV JK 线—K 站 35kVⅡ母、Ⅰ母—K 站 1 号主变—110kV DK 线—220kV AD 双线—110kV AJ 线"的 220kV/110kV/35kV 电磁环网；且必须先将独立网并入主网后，方能进行停电调电操作，否则将可能造成独立网瓦解），为保证停电调电期间 10kVⅡ母的持续供电，需先将 10kVⅡ母的负荷合环调由 10kVⅠ母供电。

处置思路如下：

（1）指定 Z 水电站作为独立网调频调压电厂，做好独立网调频调压工作，频率按 50Hz±0.5Hz，电压按 110kV±20% 控制。

（2）将独立网通过 K 站侧 110kV DK 线 171 断路器与系统同期并列。

（3）将 10kVⅡ母负荷合环调由 10kVⅠ母供电（10kV 分段 012 断路器同期合环，002 断路器解环）。

（4）将 35kVⅡ母、35kV K3 线停电调由 35kV JK 线供电（断开 302 断路器、断开 343 断路器、断开 312 断路器、合上 344 断路器、合上 343 断路器）。

（5）主变中性点的调整（涉及 2 号主变三侧断路器的操作时，需将 2 号主变中性点接地开关1020合上，防止操作过电压）。

（6）待天气情况允许后，将塑料薄膜摘除，并判断110kV AK线174断路器拒动，将174断路器两侧隔离开关拉开，将174断路器隔离。

（7）因故障点已明确判断并隔离，可考虑恢复110kVⅡ段母线及2号主变。通过110kV分段112断路器恢复110kVⅡ母带电，通过102断路器恢复2号主变本体带电，断开343断路器、344断路器，通过302断路器恢复35kVⅡ母带电，312断路器合环，002断路器合环，012断路器解环，再恢复K3线供电。

（8）信息汇报及后续处置考虑。

故障后110kV K站潮流图如图3-38所示，运行方式调整后110kV K站潮流图如图3-39所示。

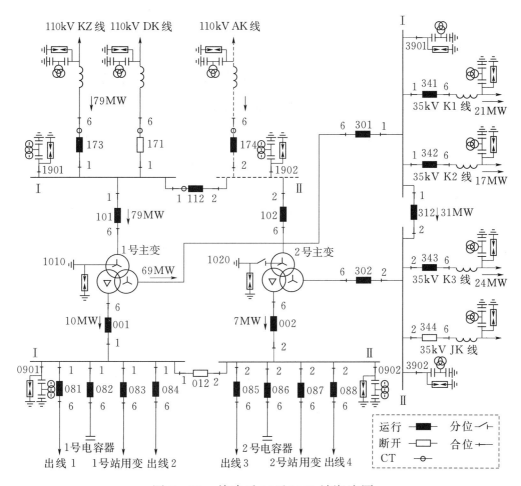

图3-38 故障后110kV K站潮流图

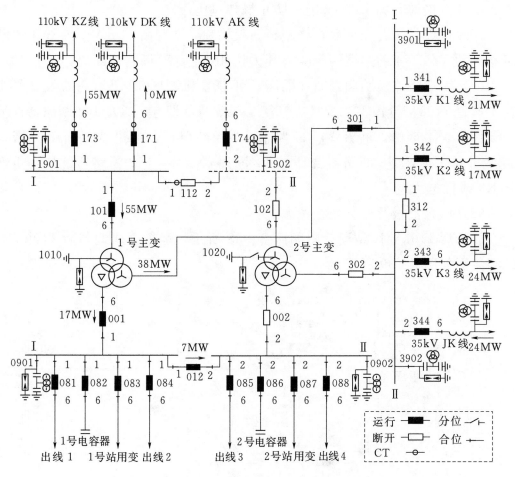

图 3-39 运行方式调整后 110kV K 站潮流图

案 例 十 二

某地区局部电网的运行方式如图 3-40 所示。220kV 乙变电站、110kV 丁变电站、已变电站、戊变电站、庚变电站均为终端站，乙站两台主变容量均为 180MVA，220kV、110kV、10kV 侧均分列运行，10kV 负荷无法转移。乙站丙丁乙 109 线、乙戊 107 线运行在 110kV Ⅰ 段母线，乙己 110 线、乙庚 106 线运行在 110kV Ⅱ 段母线，各 110kV 线路除丙站丙丁乙 106 开关、庚站辛庚 103 开关热备用外均正常运行。乙站 220kV 备自投、丁站、庚站 110kV 备自投均投入，110kV 母联开关热备用。

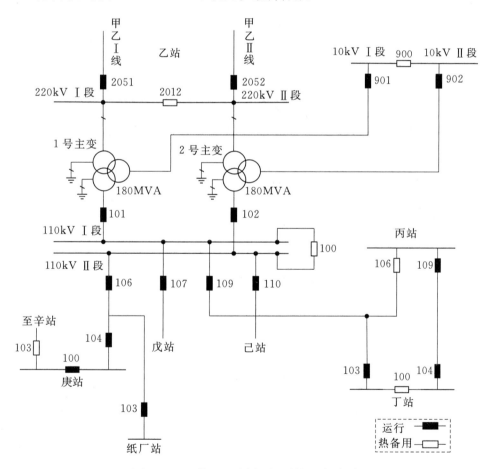

图 3-40 某地区局部电网的运行方式

1. 问题

(1) 220kV 甲乙 Ⅰ 线、Ⅱ 线有共塔架设段线路。试问在该地区电网正常运行方式下有何风险？

（2）若晚峰时段乙站全站负荷为180MW，其中丙丁乙线负荷为24MW，乙戊线负荷为28MW，乙己线负荷为31MW，乙庚线负荷为62MW（纸厂站负荷为14MW）。丙丁乙线安全电流为575A，乙庚线安全电流为531A，辛庚线安全电流为387A，丙丁线安全电流为531A。若220kV甲乙I线、Ⅱ线同时故障跳闸，重合不成功，后果如何？请写出处理故障的主要操作步骤及负荷监控关键点。

2. 答案要点

（1）当220kV甲乙I线、Ⅱ线共塔架设段线路发生故障跳闸时，将造成220kV乙变电站、110kV戊变电站、己变电站全站失压；220kV乙变电站10kV负荷全停；110kV庚变电站单电源供电。

（2）220kV甲乙I线、Ⅱ线同时故障跳闸，则220kV乙变电站全站失压。处理步骤如下：

1）检查丁站110kV备自投动作，断开丙丁乙线104开关，合上母联100开关，退出110kV备自投（若备自投未动作则手动操作）。

2）检查庚站110kV备自投动作，断开乙庚线103开关，合上辛庚线104开关（若备自投未动作则手动操作）。

3）乙站断开220kV甲乙I线、Ⅱ线开关，断开2号主变102、902开关，断开110kV乙庚线开关，合上110kV母联100开关、10kV母联900开关。

4）乙站断开1号主变中性点接地刀闸，投入1号主变间隙保护。

5）乙站退出110kV丙丁乙线开关保护。

6）丙站合上110kV丙丁乙线开关，通过110kV丙丁乙线恢复乙站110kV母线及10kV母线负荷送电。

7）通知纸厂站220kV乙变电站故障，事故状态下只能用保安用电。

8）庚站退出110kV备自投，合上乙庚线103开关恢复纸厂站供电。

故障期间应注意控制110kV丙丁乙线电流、辛庚线电流小于额定值并留有一定裕度。

案 例 十 三

某 220kV 甲变电站系统接线如图 3-41 所示。变电站 10kV 系统母联 900 开关装设备自投装置（BZT），该站采用暗备用方式，即正常时 1 号主变 901 开关、2 号主变 902 开关在合位，10kV 母联 900 开关在分位。1 号主变 带 10kV I 段母线运行，2 号主变带 10kV II 段、III 段母线运行。

1. 问题

（1）若 1 号主变区内 K 点发生相间故障，请说明主变保护动作情况及备 自投动作情况。

（2）若故障点发生在 F 点时，请说明主变保护动作情况及备自投动作 情况。

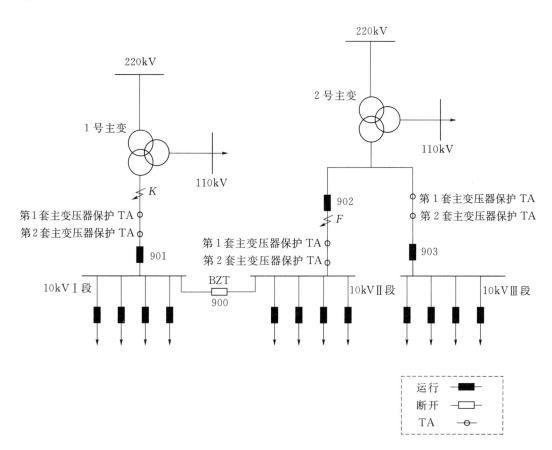

图 3-41 某 220kV 甲变电站系统接线

2. 答案要点

（1）当1号主变区内 K 点发生故障时，故障点在1号主变差动保护范围内，1号主变差动保护动作跳开三侧开关，10kVⅠ段母线失压，按正常逻辑10kV母联 BZT 动作，跳开1号主变901开关，合上10kV母联900开关，10kVⅠ段母线恢复供电。

（2）由于902开关 TA 在开关和10kVⅡ段母线之间，F 点发生故障时属于10kVⅡ段母线故障，虽然2号主变差动保护动作跳开四侧开关，但故障点并未被隔离。因此当2号主变三侧开关跳开后，10kVⅡ段、Ⅲ段母线失压，按正常逻辑10kV母联 BZT 动作，跳开2号主变902开关，合上10kV母联900开关，送电于故障母线，10kV母联900开关过流加速动作再次跳闸，10kVⅡ段母线失压，没有起到备投作用，备投不成功。

案 例 十 四

某局部 110kV 电网接线和潮流情况如图 3 - 42 所示。图中所有 110kV 线路的容许输送功率最大为 100MW；A 站单台主变，容量 120MVA；B 站 110kV 主接线如图 3 - 43 所示，110kV 母线并列运行，母线运行方式如下（图 3 - 43 中未标示 3 号、4 号主变）：1M，AB 甲线、BC 线、1 号主变、3 号主变、旁路 190（热备用）；2M，AB 乙线、BD 线、2 号主变、4 号主变。

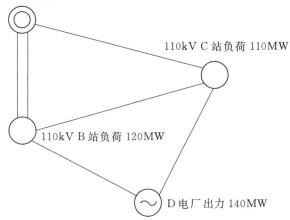

图 3 - 42 某局部 110kV 电网接线和潮流情况

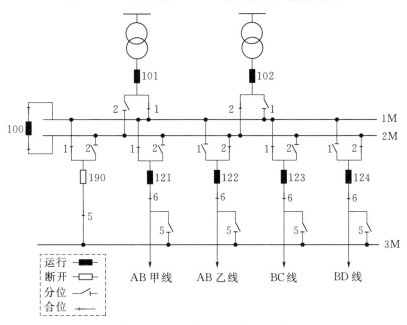

图 3 - 43 B 站 110kV 主接线

1. 问题

(1) 事故一。巡线人员报：110kV CD 线 54 号塔上挂有鸟巢，需将线路停电转冷备用进行处理（不需要紧急停电，但要求尽快处理）。

(2) 事故二。B 站报：110kV BD 线 124 开关闭锁分合闸。

(3) 事故三。B 站报：110kV 2M 电压互感器二次接线端子排烧熔，短时间内无法确认故障点（此时 CD 线已具备复电条件）。

要求：请分别写出以上三个事故的处理步骤。

2. 答案要点

(1) 事故一。

1) 调整 B 站、C 站总负荷低于 210MW。

2) 将 D 电厂出力调整至 100MW，以避免 CD 线停电导致 BD 线过载；CD 线停电，将会造成 D 电厂的供电可靠性大大降低，故通知 D 电厂做好相关的事故预想，并做好保厂用电的措施；操作 110kV CD 线由运行转冷备用；此时，D 厂出力仅通过 BD 线送出，A 站 110kV 主变下送功率为 110MW，不过载。

3) 通知相关人员进行处理。

(2) 事故二。以下除非特别说明，均指 B 站的操作。

1) 把旁路 190 开关从 1M 倒至 2M。

2) 合上旁路 190 开关对 3M 试充一次。

3) 试充成功后，断开旁路 190 开关。

4) 合上 110kV BD 线 1243 刀闸。

5) 合上旁路 190 开关，并退出旁路 190 开关的直流操作电源。

6) 在等电位的情况下拉开 BD 线 1244 刀闸和 1242 刀闸。

7) 投入旁路 190 开关的直流操作电源。

8) 注意相应保护配合。

至此，BD 线 124 开关成功隔离，BD 线由旁路开关代路运行。

(3) 事故三。

1) 操作线路 CD 复电。

2) 尽量转走 B 站 110kV 2 号主变、4 号主变所带的负荷，采用主变停电倒母线的方式将 2 号主变、4 号主变倒至 1M 运行。

3) 断开 B 厂 110kV 旁路 190 开关，拉开 110kV 旁路 1903 刀闸，拉开

110kV 旁路 1902 刀闸，合上 110kV 旁路 1901 刀闸，合上 110kV 旁路 1903 刀闸，同期合上 190 开关，将 BD 线采用停电倒母线的方式倒至 1M 运行。

4）同理采用停电倒母线的方式将 B 站 AB 乙线倒至 1M 运行。

5）确认 B 站所有 110kV 运行设备均倒至 1M 后，断开 B 站 110kV 母联 100 开关，随后将 2M 电压互感器隔离，通知相关检修人员到站处理。

案 例 十 五

某电网结构及变电站接线图如图 3-44 和图 3-45 所示。

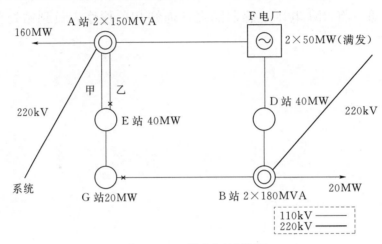

图 3-44　某电网结构图

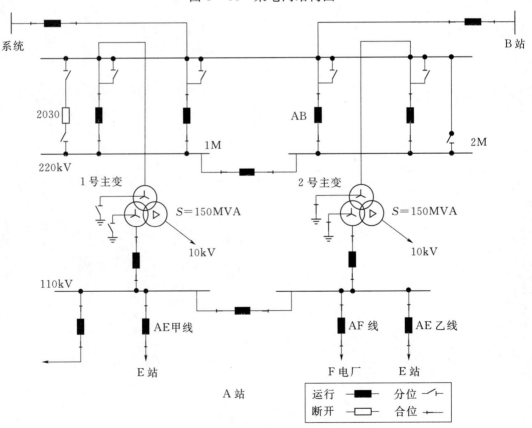

图 3-45　220kV A 站接线图

1. 问题

若 A 站 AB 线开关发生爆炸，并且波及 220kV 2 号主变高压侧刀闸，造成变刀 C 相接地，在保护及开关动作正确的情况下，试述该片电网保护及开关动作情况。

2. 答案要点

该片电网保护及开关动作情况如下：

（1）A 站 AB 线开关发生爆炸，母差保护流过故障电流则该保护动作，跳开 A 站 220kV2M 母线上所有开关。A 站母差保护动作后，若为高频闭锁式保护，A 站侧停信；若为光纤差动保护，A 站侧直接发远跳对侧信号；若为光纤纵联距离、纵联零序、纵联方向，则发允许信号到对侧。

（2）波及 220kV 2 号主变高压侧刀闸，造成变刀 C 相接地，在变压器差动保护范围内，A 站 2 号主变差动保护动作，跳开主变三侧开关。

（3）A 站 10kV 分段备自投动作，将 2 号主变低压侧 10kV 母线转由 1 号主变供电。

案 例 十 六

某电网接线图如图 3-46 所示。电网正常运行方式：A 站为 220kV 单线单变运行，A 站向 B 站、C 站主供电，D 站水电站发电上网，B 站 110kV BC 线 104 开关热备用状态，备自投装置投入。A 站汇报 110kV 母线失压，现场检查发现 1 号主变 110kV 侧 CT 瓷瓶爆炸；同时 B 站汇报全站失压，110kV 备自投装置未动作，C 站汇报全站失压，D 水电站汇报运行水电机组失压解列（110kV 线路热稳定电流为 400A）。

1. 问题

（1）根据所给信息，分析各站保护动作行为。

（2）简述恢复送电步骤。

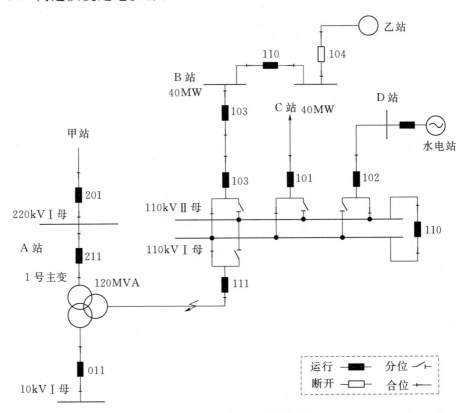

图 3-46 某电网接线图

2. 答案要点

A 站 1 号主变 110kV 侧 CT 瓷瓶爆炸，1 号主变差动保护动作瞬时跳开

1号主变三侧开关，造成D站运行水电机组失压解列，因B站110kV备自投装置未动作，造成B站、C站均失压。恢复送电步骤如下。

（1）断开A站110kV所有出线开关。

（2）退出B站110kV备自投装置，合上110kVB乙线104开关，恢复B站负荷供电。

（3）合上A站110kVAB线103开关，对110kVⅠ母、Ⅱ母送电。

（4）通知C站用户限电15MW（110kV线路热稳定电流为400A）。

（5）合上A站110kVAC线101开关，C站恢复正常供电。

（6）合上A站110kVAD线102开关，通知D站水电厂开机同期并网。

（7）核实D站水电厂已并网发电，满出力20MW。

（8）通知C站限电用户开放负荷。

案 例 十 七

如图 3-47 所示，甲站为 220kV 终端变电站，正常方式：1 号、2 号主变双主变运行（变压器容量为 2×150MVA），10kV 分段 010 开关开口，1 号主变高压、中压侧中性点接地均接地，2 号主变中性点不接地；B 站双电源供电，单母分段接线，正常由甲站电源供电，110kV 备自投装置投入，B 站备用电源为乙站供电。E 用户变为单电源供电，C 站直供两个 110kV 变电站 F 站、G 站。D 站向另一区域系统管辖的 110kV A 站、H 站供电，并作为其相邻变电站的事故备用电源，D 站 110kV 母线接有两台水电机组（2×15MW），正常方式一台发电上网，另一台旋转备用。甲站 110kV 甲 B 线 101 开关、甲 D 线 103 开关、1 号主变 111 开关运行 110kV Ⅰ 母，110kV 甲 C 线 102 开关、甲 E 线 104 开关运行 110kV Ⅱ 母，甲站 2 号主变 1122 刀闸发热严重，2 号主变 112 开关已倒至 110kV Ⅰ 母运行；110kV 母联 110 开关发闭锁分合闸信号，已通知检修人员。甲站 1 号主变 111 开关在准备操作至 110kV Ⅱ 母运行时，D 站 110kV 甲 D 线差动保护动作跳闸，重合不成功，甲站 110kV 母差保护动作，110kV Ⅰ 母上所有出线开关跳闸，110kV 母差无故障录波信息，当时负荷情况为：B 站，35MW；C 站，30MW；F 站，20MW；G 站，15MW；A 站，22MW；H 站，20MW；D 站，18MW；E 站，25MW；所在区级地级市负荷，630MW。

1. 问题

（1）试述事故处理步骤。

（2）分析保护动作行为。

2. 答案要点

（1）事故处理恢复送电步骤如下：

1）断开甲站 110kV 母线所有出线开关。

2）核实 D 站水电机组已自动解列。

3）核实 B 站 110kV 备自投装置动作成功，B 站供电正常。

4）将甲站 110kV 母联 110 开关由运行转冷备用。

5）断开 C 站、F 站、G 站、D 站所有 110kV 线路开关。

6）断开 A 站、H 站所有 110kV 线路开关。

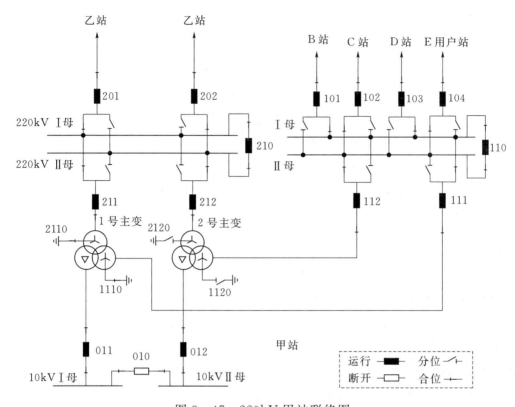

图 3-47 220kV 甲站联络图

7）通知另一区域系统电网调度，将 110kVA 站、H 站负荷倒至另一电源供电。110kVA 站、H 站恢复供电后，申请将 D 站倒由其电网供电。

8）退出 B 站 110kV 备自投装置，合上 110kV 甲 B 线 101 开关，对 110kV 甲 B 线充电，查充电正常。

9）合上甲站 110kV 甲 B 线 101 开关对 110kV Ⅰ母充电，查充电正常，由此可以确定 110kV Ⅰ母单元无故障，110kV 母差为误动，即退出 110kV 母差保护，通知变电检修消缺。

10）合上甲站 110kV 甲 D 线 103 开关，对 110kV 甲 D 线充电。

11）B 站汇报：110kV 甲 B 线 101 开关接地距离 Ⅱ段保护动作跳闸，重合不成功。由此可知，110kV 甲 D 线永久性故障，且甲站 110kV 甲 D 线 103 开关保护拒动，即断开 110kV 甲 D 线 103 开关、甲 B 线 101 开关，通知变电检修对甲站 110kV 甲 D 线 103 开关保护进行检查。

12）核实甲站与 B 站为同一个供电系统，具备合环条件。

13）合上甲站 1 号主变 111 开关，对 110kV Ⅰ母送电正常，合上 110kV 甲 B 线 101 开关。

14）将甲站 110kV CA 线 102 开关、CE 线 104 开关由 110kVⅡ母热备用转至 110kVⅠ母运行。

15）恢复 C 站、F 站、G 站、E 站正常供电。

16）将 B 站恢复为甲站供电正常方式，并投入 110kV 备自投装置。

17）将甲站 110kVⅡ母由热备用转检修状态，将 2 号主变 112 开关由热备用转检修状态，通知变电检修对 2 号主变 1122 刀闸发热缺陷处理。

18）将 110kV 甲 D 线由热备用状态转检修状态，通知输电管理所事故巡线，通知变电检修人员对甲站 110kV 甲 D 线 103 开关保护拒动进行检查。

19）将甲站 110kV 母联 110 开关由冷备用转检修，通知变电检修处理缺陷。

（2）保护动作行为分析：110kV 甲 D 线线路永久性故障，D 站 110kV 甲 D 线 103 开关差动保护跳闸，甲站 110kV 甲 D 线 103 开关保护拒动，110kV 母差保护误动，跳开 110kVⅠ母上所有出线开关，因 2 号主变 1122 刀闸发热严重，1 号主变、2 号主变中压侧开关均运行在 110kVⅠ母，故障跳闸造成 110kV 两段母线失压，导致 110kV C 站、F 站、G 站、D 站、A 站、H 站、E 站失压，地区减供负荷为 90MW，减供负荷占地区负荷的比例为 14.3%，事故造成该地区 110kV C 站、F 站、G 站全站失压。

案 例 十 八

如图 3-48 所示，A 站为 110kV 三母线分段接线，110kV 1 号、2 号、3 号主变并列运行，三台主变容量均为 50MVA，2 号主变中性点 1120 地刀在合上位置，1 号、3 号主变中性点未接地。110kV 甲 A 线 101 开关在热备用状态，110kV 乙 A 线和 110kV 丙 A 线为双回线环网供电，丁站水电站总装机容量为 2×20MW，1 号机组满发，2 号机组停机，现需将 2 号主变转检修状态，主变单元预试工作（注：110kV 线路热稳定电流为 400A）。

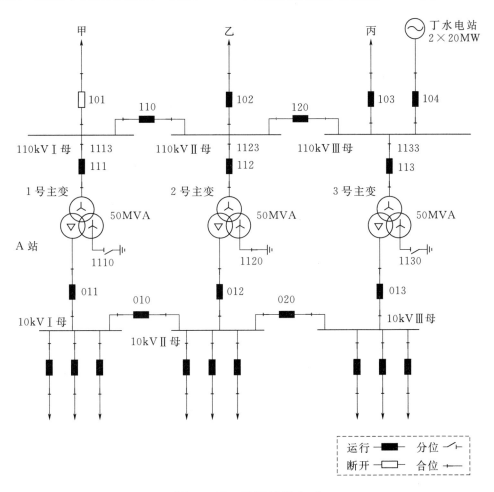

图 3-48 系统接线方式

1. 问题

(1) 请拟定 2 号主变停电操作步骤。

（2）A 站 2 号主变转检修后，1 号和 3 号主变有功功率均为 40MW，110kV 线路均配备距离三段式保护和零序三段式保护，丙站 110kV 丙 A 线 103 断路器零序Ⅰ段保护动作跳闸，重合闸动作不成功，故障相别为 B 相，故障测距为 5km；A 站 110kV 丙 A 线 103 断路器零序Ⅱ段保护动作跳闸，重合不成功，故障相别为 B 相，故障测距为 10km；乙站 110kV 乙 A 线 102 断路器接地距离Ⅱ段保护动作跳闸，重合闸动作不成功，故障相别为 B 相，故障测距为 39km，A 站全站失压，A 站 110kV 甲 A 线 101 断路器发控制回路断线信号。试分析 A 站失压的原因及处理步骤。

2. 答案要点

（1）拟定停电操作步骤。

1）核实 1 号、2 号、3 号主变满足 $N-1$ 条件。

2）核实 2 号主变中性点 1120 地刀在合上位置。

3）断开 10kV 分段 010 开关。

4）合上 1 号主变中性点 1110 地刀。

5）用 110kV 甲 A 线 101 开关经同期合环，查明确已带上负荷后，断开 110kV 分段 110 开关。

6）断开 2 号主变 012 开关，核实 3 号主变负荷在额定值内，合上 3 号主变中性点 1130 地刀。

7）断开 110kV 分段 120 开关。

8）断开 110kV 乙 A 线 102 开关。

9）拉开 2 号主变 1123 刀闸，合上 110kV 分段 120 开关。

10）合上 110kV 乙线 102 开关。

11）合上 110kV 分段 110 开关，查明确已带上负荷后，断开 110kV 甲线 101 开关。

12）拉开 1 号主变中性点 1110 地刀。

13）合上 10kV 分段 010 开关。

14）综合令：将 A 站 2 号主变由热备用状态转检修状态。

（2）从保护动作开关跳闸行为可以初步判断：110kV 丙 A 线故障，乙站 110kV 乙 A 线 102 开关、110kV 丙 A 线保护失配导致不正确动作跳闸行为，造成 A 站全站失压。事故处理步骤如下：

1）核实丁站水电机组已解列。

2）断开 A 站 110kV 乙 A 线 102 开关、丁 A 线 104 开关。

3）合上丙站 110kV 丙 A 线 103 开关，强送 110kV 丙 A 线，强送不成功。

4）断开 A 站 1 号主变 011 开关、3 号主变 013 开关。

5）退出乙站 110kV 乙 A 线 102 开关接地距离Ⅱ段保护，合上乙站 110kV 乙 A 线 102 开关，对 110kV 乙 A 线送电。

6）合上甲站 110kV 乙 A 线 102 开关，对 110kV 三段母线充电，检查充电正常后，合上 110kV 丁 A 线 104 开关。

7）将 A 站 1 号主变、3 号主变负荷控制在 70MW 以内。

8）合上 A 站 1 号主变 011 开关和 3 号主变 013 开关。

9）通知丁站水电机组 1 号机组同期并网，满出力发电，2 号机组旋转备用。

10）恢复 A 站 1 号主变、2 号主变所限负荷。

11）通知输电管理所对 110kV 丙 A 线带电巡线。

（3）通知变电检修人员对 A 站 110kV 丙 A 线 103 开关保护及乙站 110kV 乙 A 线 102 开关接地距离保护进行检查消缺，对 A 站 110kV 甲 A 线 101 开关控制回路断线故障消缺。

案 例 十 九

如图 3-49 所示，乙站由 110kV 甲乙 1 线主供，110kV 甲乙 2 线 102 开关热备用，110kV 备自投装置投入，1 号主变、2 号主变并列运行，35kV 分段 310、10kV 分段 010 开关热备用，乙站 110kV 分段 1101 刀闸 A 相支柱瓷瓶炸裂，1 号主变保护装置发电流回路断线信号。

1. 问题

（1）试述事故发生后保护动作行为。

（2）简述处理恢复送电过程。

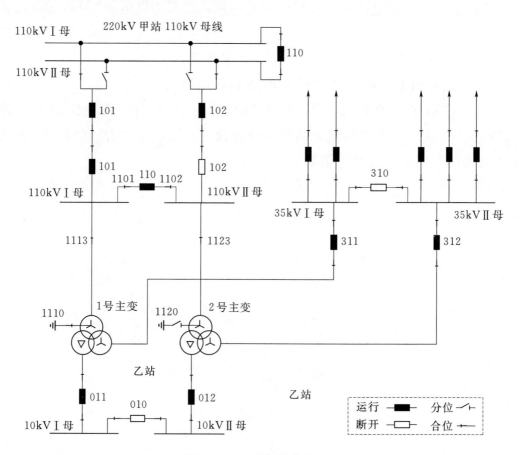

图 3-49 系统接线方式

2. 答案要点

（1）乙站 110kV 分段 1101 刀闸 A 相支柱瓷瓶炸裂，属 1 号主变差动保护范围，因 1 号主变保护装置发电流回路断线信号，闭锁差动保护使得故障越级，甲站 110kV 甲乙 1 线 101 开关接地距离Ⅱ段或零序Ⅱ段保护动作跳闸，重合不成功；乙站 110kV 备自投装置动作，跳开乙站 110kV 甲乙 1 线 101 开关、合上 110kV 甲乙 2 线 102 开关，再次送电至故障点，甲站 110kV 甲乙 2 线 102 开关接地距离Ⅱ段或零序Ⅱ段保护动作跳闸切除故障。

（2）处理恢复送电过程：将乙站 1 号、2 号主变转热备用状态，110kV Ⅰ母转冷备用，隔离故障点后通过 110kV 甲乙 2 线对乙站 2 号主变送电，恢复乙站正常供电。乙站 1 号主变差动保护闭锁，1 号主变不能恢复送电。将乙站 1 号主变转冷备用状态、110kV Ⅰ母转检修状态后即通知变电检修消缺。

案 例 二 十

如图 3-50 所示，顺风站 10kV 高峰线 701 与东日站 10kV 平安线 714 构成环网结构，平安线 90 号塔 90T1 开关已投入自转电功能（装有电压时间型馈线自动化终端）；顺风站 10kV 高胜线 704 与日升站 10kV 盛大线 711 形成环网结构，盛大线 101 号塔 101T1 开关已投入自转电功能（装有电压时间型馈线自动化终端）。其余 10kV 线路为辐射状结构线路，系统的配网运行方式如图 3-50 所示。作为当值调度员收到如下信息：11：00，顺风站 10kV 1M 母线电压 A 相 0kV、B 相 10kV、C 相 10kV，接地选线为高明线（702）；11：00，东日站 10kV 2M 母线电压 A 相 0kV、B 相 10kV、C 相

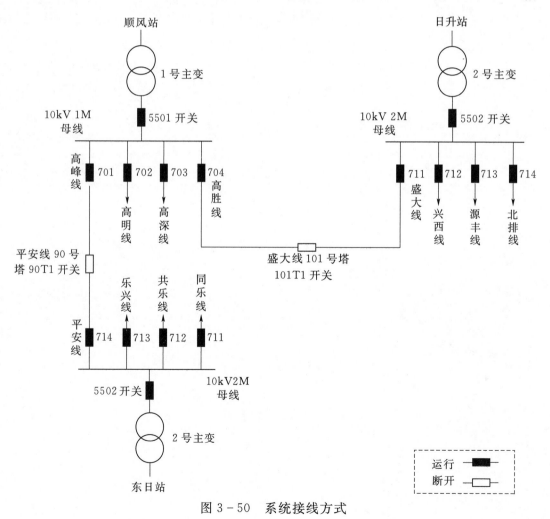

图 3-50 系统接线方式

10kV，接地选线为平安线 714；当断开顺风站高明线 702 开关后，顺风站 10kV 1M 母线和东日站 10kV 2M 母线电压恢复正常。

1. 问题

请分析发生了什么故障？接地选线装置为何判断顺风站高明线（702）和东日站平安线（714）为接地线路？为何顺风站千伏 1M 母线和东日站千伏 2M 母线电压同时异常，同时恢复正常？

2. 答案要点

顺风站 10kV 高明线 702 线路发生 A 相接地故障，所以断开该开关后顺风站和东日站接地故障消失。

然而，平安线 90 号塔 90T1 开关可能在故障前的曾经发生馈线自动化终端故障（如 PT 烧坏）而自动误合闸或人为误合闸，导致平安线 90 号塔 90T1 开关在高明线发生接地故障前已处于合闸状态，将顺风站 10kV 1M 母线和东日站 10kV 2M 母线连通。

零序电流分布如图 3-51 所示。当发生顺风站高明线（702）发生 A 相接地时，顺风站高明线（702）零序电流由线路指向 1M 母线，高峰线 701 的零序电流方向由 1M 母线指向线路，选线装置的选线判据为由线路流向母

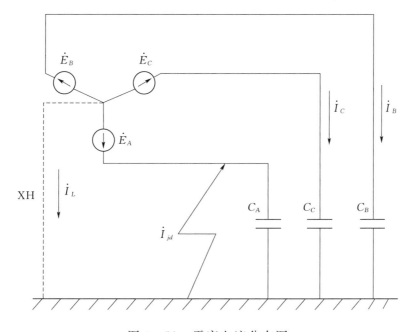

图 3-51 零序电流分布图

线零序电流最大的线路，所以顺风站的选线装置能正确判断高明线（702）故障，而不会判断为高峰线（701）故障。

由于顺风站 1M 与东日站 2M 已连接，顺风站 10KV 高明线（702）的零序电流有部分会通过高峰线（701）和东日站平安线（714）流向东日站 2M 母线，东日站 A 相电压为 0，B 相、C 相升高到线电压，同时选线装置判别平安线（714）A 相接地。所以断开顺风站高明线 702 开关，隔离故障点后，顺风站 10kV 1M 母线和东日站 10kV 2M 母线电压同时恢复正常。

案 例 二 十 一

如图 3－52～图 3－54 所示网络，由主系统向 A 站、B 站、C 站、D 站供电，B 站为 220kV 网络终端变电站，E 发电厂两台 2×50MW 机组通过 C 站 110kV 母线上网。B 站及 C 站的站内接线分别如图 3－52、图 3－53 所示。B 站 D1 断路器上 220kV 1M，2201 断路器上 220kV 2M，220kV 断路器采用双 CT 配置，其中黑色实心的断路器为运行状态，白色空心的断路器为断开状态，C 站的旁路 190 断路器在检修中，1112 隔离开关在合上位置。

正常情况下各站有功负荷情况：A 站 280MW；B 站 210MW；C 站 140MW；D 站 100MW；E 厂 1 号机开机上网，有功出力 40MW，剩下的 2 号机热备用。

各 110kV 线路的负载限值均为 110MW。

1. 问题

（1）若 220kV B 站 220kV 母联 2012 断路器闭锁分合闸需停电处理，请问有几种方式可以处理？请写出处理步骤。

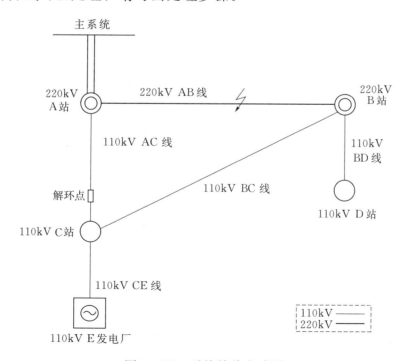

图 3－52　系统接线方式图

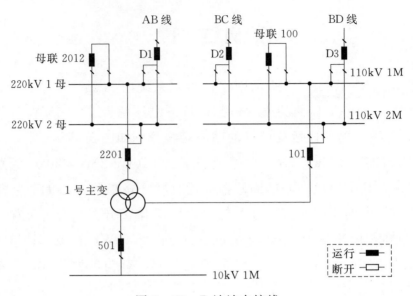

图 3-53 B站站内接线

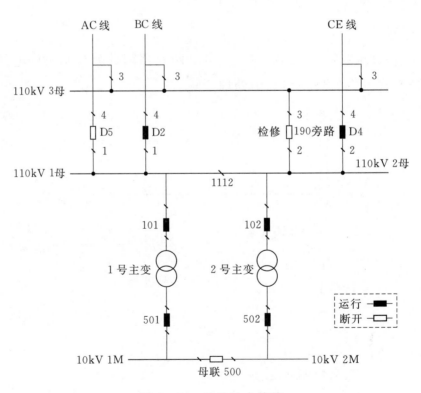

图 3-54 C站站内接线

（2）若220kV B站D1断路器出线侧CT爆炸，造成B站、C站、D站失压及E厂低频跳机，请写出保护动作情况及调度处理步骤。

2. 答案要点

问题（1）答案要点如下：

（1）方案1：220kV部分全停。

1）停电前，需要考虑将B站负荷倒至A站供电。为满足220kV/110kV电磁环网合环运行条件，需要将E电厂出力加至最大，限C站、D站负荷为：100MW（D站）＋140MW（C站）－100MW（E电厂）＝140MW。

2）满足电磁环网合环条件后，同期合上C站D5断路器。

3）断开B站D1断路器，转处冷备用。

4）断开B站2201断路器，转处冷备用。

5）注意B站、D站电压调整。

6）改投相应的线路重合闸。

7）进行相应的保护定值更改。

8）拉开B站2012断路器两侧隔离开关，将母联断路器隔离。

（2）方案2：拉站内环流。

1）用B站D1断路器形成双跨，母差保护调整为大差。

2）拉开2012断路器两侧隔离开关（拉合站内环流形式）。需先拉开220kV 1M侧隔离开关，再拉开220kV 2M侧隔离开关，将母联断路器隔离。

问题（2）答案要点如下：

（1）保护动作情况：因故障点在母差保护与线路纵联保护之间，故B站220kV 1M母差保护动作、220kV AB线两侧线路差动保护同时动作。

（2）处理过程如下：

1）分别断开所有失压厂、站的主变各侧断路器及110kV断路器。

2）C站合上110kV AC线D5断路器（C站110kV 1M、2M母线复电）。

3）C站恢复主变运行，逐步送出负荷（C站变低母线复电）。

4）C站分别合上110kV CE线D4断路器及BC线D2断路器。

5）E厂110kV母线复电。

6）命令E厂恢复主变运行，紧急开出所有备用机组上网（E厂复电）。

7）B站先后合上110kV BC线D2断路器及母联100断路器（B站110kV1M、2M复电）。

8）B站先后合上1号主变变中101、变低501断路器，逐步送出负荷

（B 站变低母线复电）。

9）B 站合上 110kV BD 线 D3 断路器。

10）D 站 110kV 母线复电。

11）D 站恢复主变运行，逐步送出负荷（D 站变低母线复电），注意在恢复负荷过程中，不要造成相关线路过载。

12）改投相应的线路重合闸。

13）进行相应保护的定值更改。

14）B 站 D1 断路器转处冷备用，安排人员进站检查。

案 例 二 十 二

某电网运行方式如图 3-55 所示。110kV 木火土线在靠近 110kV 土星变侧（距土星变 3.5km）发生单相接地故障，重合闸动作不成功。

1. 问题

（1）若 110kV 木火土线为非永久性故障，作为当值调度员，该如何处理？（图 3-54 中的 110kV 变电站，除 110kV 火星变母联 112 断路器有同期并列装置外，其余均无同期）

（2）若 110kV 木火土线为永久性故障，作为当值调度员，该如何处理？

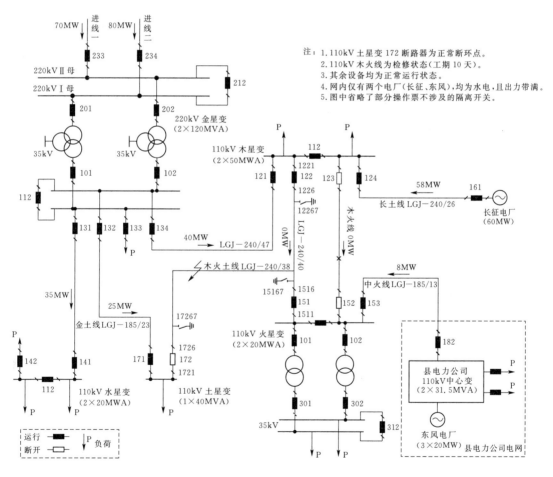

注：1.110kV 土星变 172 断路器为正常断环点。
2.110kV 木火线为检修状态（工期 10 天）。
3.其余设备均为正常运行状态。
4.网内仅有两个电厂（长征、东风），均为水电，且出力带满。
5.图中省略了部分操作票不涉及的隔离开关。

图 3-55 某电网网络图

2. 答案

（1）若 110kV 木火土线为非永久性故障，作为当值调度员，首先，要维持县电力公司电网与火星变独立网运行，东风电厂做好独立网的调频、调压工作；其次，将 110kV 木火土线由木星变侧 122 断路器充电成功，由于题目限定仅有 110kV 火星变母联 112 断路器有同期并列装置，故应将火星变 1 号主变操作至热备用（不主张仅操作 101 断路器或 301 断路器、312 断路器），火星变 110kV 木火土线 151 断路器对 110kV 1M 充电正常后，在火星变母联 112 断路器处同期并网，然后恢复 1 号主变正常运行；最后，统计负荷损失，填写事故记录，通知有关人员查线，汇报相关领导。

（2）若 110kV 木火土线为永久性故障，作为当值调度员，首先，要维持县电力公司电网与火星变独立网运行，做好负荷控制，让东风电厂留出调整容量，东风电厂做好独立网的调频、调压工作，通知相关单位独立网运行的注意事项；其次，在线路试送不成功，判定线路为永久故障后，应将 110kV 木火土线操作至检修状态；最后，通知有关人员对线路进行事故抢修，统计负荷损失，填写事故记录，汇报相关领导及上级调度。

案 例 二 十 三

110kV 变电站接线方式如图 3 - 56 所示。黑色实心的断路器为运行状态，白色空心的断路器为断开状态。其中 110kV A 线 121 断路器运行于 110kV 1M，110kV B 线 122 断路器运行于 110kV 2M，旁路 190 断路器热备用于 110kV 2M。

1. 问题

此方式下，若110kV A 线 121 断路器闭锁分合闸，用旁路 190 断路器代供操作，简述倒闸操作步骤。

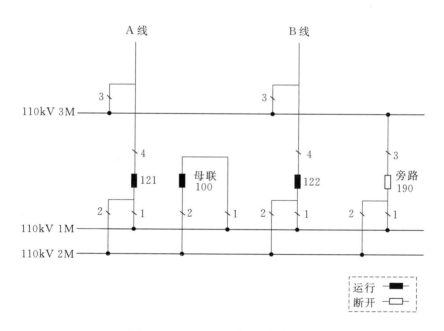

图 3 - 56   110kV 变电站接线图

2. 答案要点

（1）投入 110kV 旁路 190 断路器充电保护。

（2）合上 110kV 旁路 190 断路器，对 110kV 3M 充电。

（3）确认充电正常后，断开 110kV 旁路 190 断路器。

（4）退出 110kV 旁路 190 断路器充电保护。

（5）将 110kV 旁路 190 断路器的保护切换为 110kV A 线保护。

（6）将旁路 190 断路器冷倒至 110kV 1M 热备用。

（7）合上 110kV A 线 3M 1213 隔离开关对 3M 充电。

（8）同期合上 110kV 旁路 190 断路器。

（9）断开 110kV 旁路 190 断路器直流操作电源。

（10）拉开 110kV A 线线路 1214 隔离开关。

（11）拉开 110kV A 线 1M 1211 隔离开关（将 110kV A 线 121 断路器隔离）。

（12）投入 110kV 旁路 190 断路器直流操作电源。

（13）相应地调整重合闸方式。

案例二十四

某地区电网结构如图3-57所示，110kV C变主接线图如图3-58所示。110kV C变由110kV AC线主供，110kV BC线备供，110kV BC线由110kV B变充空线运行，110kV C变侧172断路器处热备用状态。110kV D水电厂为地调直调电厂，装机容量为2×50MW，当前1号机运行，出力为50MW，2号机备用。110kV C变装有进线备自投装置，采用110kV母线电压作为判别条件。C站未装设小电解列装置，地区电网中无小电接入。

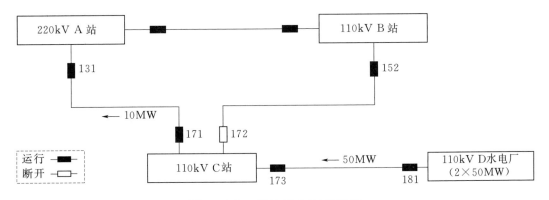

图3-57　某地区电网结构图

110kV C变装有一台变压器，型号为SFSZ11-50000/110，保定天威变压器生产，额定电压为（110±8×1.25%/38.5/10.5）kV，1号主变档位目前运行在（110+4×1.25%）kV档。

（1）9：00，输电管理所叶××向地调当值调度员王××申请进行110kV BC线带电作业，要求退出线路重合闸，地调当值调度员王××与B站值班长马××联系操作，考虑到110kV BC线C站侧172断路器处热备用状态，因此地调决定不退出172断路器重合闸。09：26，B站回令退出110kV BC线152断路器重合闸后，当值调度员王××向输变电管理所叶××许可了带电作业工作。以下为联系对话，请找出对话中存在的问题。

1）场景一：

叶××：你好，我是输电管理所一班班长叶××。

王××：你有什么事情？（漏报单位、姓名）

叶××：我申请在110kV BC线上开展带电作业。

王××：工作内容是什么？

叶××：带电更换 110kV BC 线 23 号塔的自爆绝缘子。

王××：是否需要退出重合闸？

叶××：需要退出重合闸。

王××：好的，我退出之后联系你。（未落实是否当天完工）

2）场景二：

王××：你好，我是××地调王××。

马××：你好，我是 220kV B 站值班长马××。

王××：现在要退出 110kV BC 线 152 断路器重合闸，现场是否可以操作？

马××：可以的。

王××：好的，那我现在正式下令："09：10 220kV B 站操作，退出152 重合闸"。（未加电压等级和线路名称）

马××：好的，我现在马上操作，完成后回令。（未复诵）

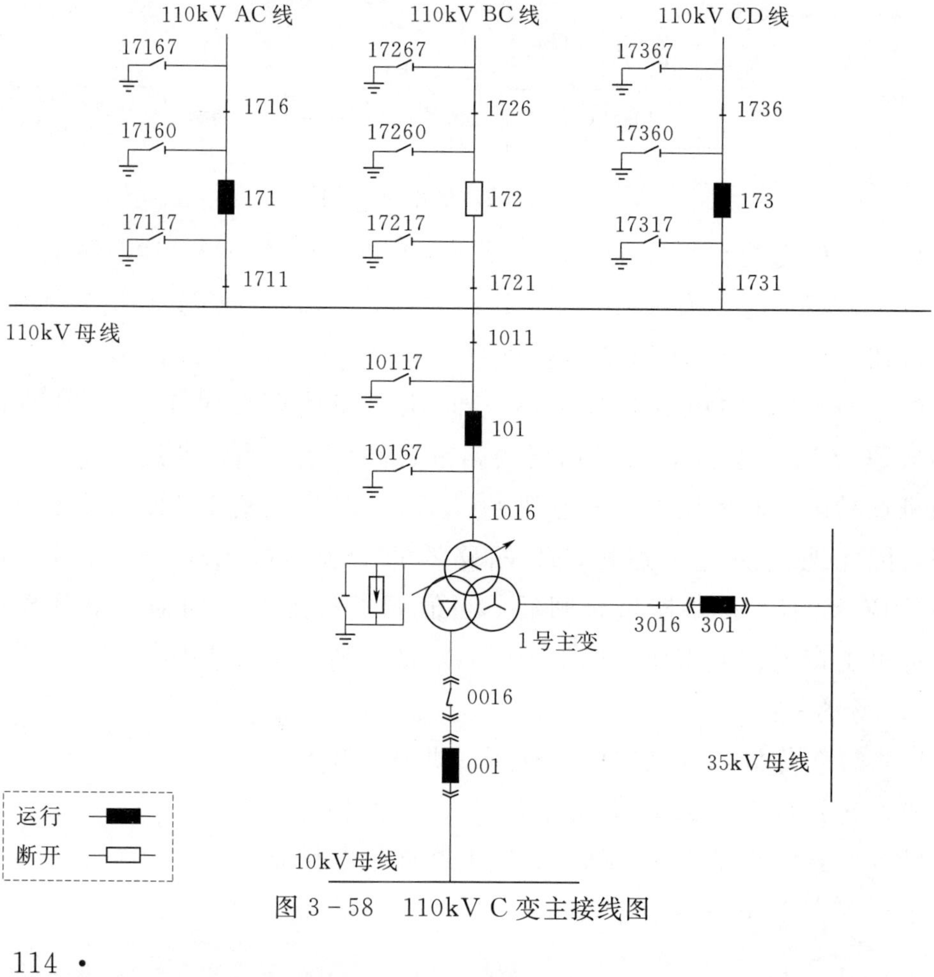

图 3-58　110kV C 变主接线图

（2）10：43，110kV C 变值班长汇报，10kV 母线电压偏低，目前仅有 10.2kV，站内低压并联电容器组已全部投入，申请调整主变档位，请问将主变档位调整至哪一档，可以将 10kV 母线电压调整至 10.4kV 左右。

参考答案：3 档 10.3kV，2 档 10.4kV，1 档 10.6kV

（3）11：03 110kV AC 线跳闸，重合闸动作不成功。D 水电厂值长汇报：110kV 母线电压、频率均有波动。95598 客服汇报：有群众打进电话，告知一条输电线附近有大型机械在伐木，倒下的树木压住了电线，目前正在想办法处理，请暂时不要送电。经向输管所落实，AC 线跳闸疑似由此引起，专业人员正赶往现场。请分析故障处置思路。

参考答案：

1）因 AC 线有人在附近工作，因此不能送电，AC 线可根据现场要求转到相应状态。

2）因 D 水电厂开 1 台机，带 50MW 出力，地区电网负荷为 40MW，同时 C 站 110kV 母线未失压，因此可以判断故障后独立网稳住运行，需要尽快安排独立网调频调压，需明确调频调压要求。

3）独立网稳定后通过 BC 线并入主网。

4）因 BC 线有带电作业，独立网通过 BC 线并入主网后，协调暂停带电作业，投入 B 站的重合闸。

5）调整 C 站 110kV 备自投装置。

6）信息汇报及后续安排。

案 例 二 十 五

电网接线及线路潮流如图 3-59 所示。110kV 官庄变、110kV 花山变由地调管辖，35kV 小泉变、35kV 张家营变及线路由县调管辖。35kV 中山发电厂为地县调共同调度电厂，日常运行操作管理以县调为主，地调主要负责发供电平衡。导线参数见表 3-1。

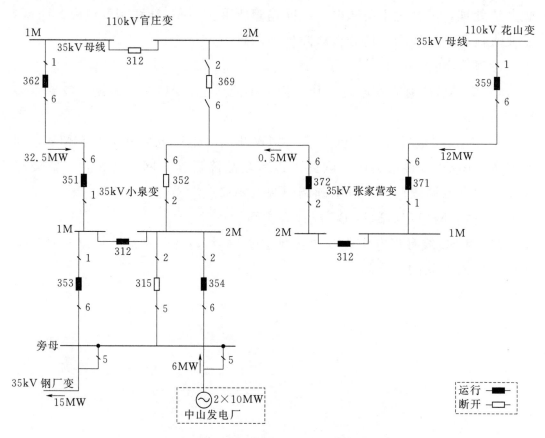

图 3-59　某电网接线及线路潮流图

表 3-1 导 线 参 数

线 路	线路各侧 CT 变比	型 号	热稳极限/A
35kV 官小线	362 断路器：700/5 351 断路器：700/5	LGJ-240	610
35kV 官小张线	369 断路器：500/5 352 断路器：400/5 372 断路器：400/5	LGJ-120	380

线　　路	线路各侧 CT 变比	型　　号	热稳极限/A
35kV 花张线	359 断路器：400/5 371 断路器：400/5	LGJ - 95	335
35kV 小中线	354 断路器：800/5	LGJ - 240	610

设备配置情况如下。110kV 官庄变：35kV BZT 投入，110kV 1 号、2 号主变中低后备保护设置有两个区，其中 1 区适用于母线分段运行，2 区适用于并列运行方式。35kV 小泉变：35kV、10kV BZT 投入，35kV 1 号、2 号主变低后备保护设置有两个区，其中 1 区适用于母线分段运行，2 区适用于并列运行方式（图 3 - 60）。35kV BZT 动作联切 35kV 钢厂变 353 断路器、35kV 小中线 354 断路器。351 断路器、352 断路器均配有保护及重合闸。351 断路器、352 断路器、312 断路器、353 断路器、354 断路器、315 断路器均具备同期功能。35kV 张家营变：35kV BZT 退出。371 断路器、372 断路器均配有保护及重合闸。

备注：110kV 官庄变、110kV 花山变电源来自不同的 220kV 站。

1. 问题

（1）35kV 小泉变、35kV 张家营变为县城主供电源变电站，其中 35kV 小泉变供城区 60％的负荷，35kV 张家营变供城区 38％的负荷。请根据以上资料对该电网基准风险进行分析，并列出该电网需日常重点关注及维护设备名称。

（2）10 月 20 日，输电管理所对 35kV 官小线特巡发现线路 58 号塔 C 相引流线线夹发热至 75℃，A、B 相测温正常，为 40℃。计划 25 日上申请处理。在该缺陷未处理前，作为当值调度员，请写出当班的危险点分析及事故预想。

（3）35kV 小泉变站内当日进行 35kV 分段 312 断路器操作箱反措的计划工作，需将 35kV 分段 312 断路器由运行转为冷备用，并退出 35kV BZT。请写出 35kV 小泉变 35kV 分段 312 断路器由运行转为冷备用的调度操作步骤。

（4）当 35kV 小泉变 35kV 小中线 354 断路器发"SF$_6$ 气压低闭锁""控制回路断线"信号时，请问如何处理？

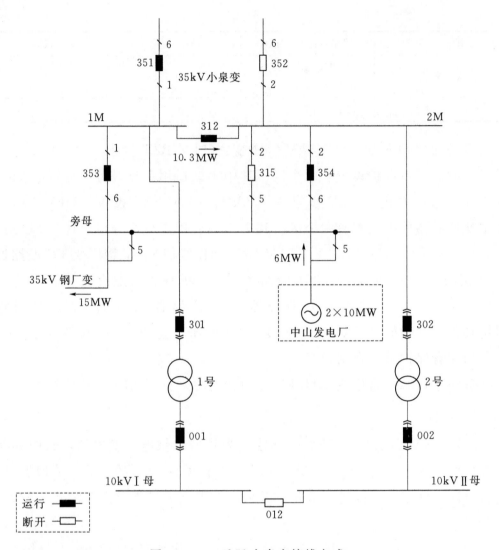

图 3-60　35kV 小泉变接线方式

2. 答案要点

问题（1）答案要点如下：

（1）35kV 小泉变、35kV 张家营变为县城主供电源变电站，其中，35kV 小泉变供城区 60% 的负荷，35kV 张家营变供城区 38% 的负荷。若 35kV 小泉变或者 35kV 张家营变全站失压，则停电面积会非常大，将对县城供电用户造成重大影响，而 35kV 张家营变在 35kV 花张线跳闸时就会造成全站停电，风险非常大。

（2）由图 3-59 上潮流数据可知，35kV 小泉变所带负荷共有 36.5MW，而 35kV 官小线热稳极限为 36.978MW。若中山发电厂出力减少直至停机，则 35kV 官小线将压热稳极限运行，极有可能出现线路负载电流超过导线热稳定电流的问题。

（3）35kV 花张线热稳极限为 20.308MW。若 35kV 官小线跳闸，则 35kV 小泉变将由 35kV BZT 倒由 35kV 官小张线供电，这时 35kV 花张线将过载，会出现线路负载电流超过导线热稳定电流的问题。

（4）该电网需日常重点关注及维护设备名称如下：

1）35kV 官小线、官小张线、花张线。

2）35kV 小泉变 35kV 1 号、2 号主变。

3）35kV 张家营变 35kV 1 号、2 号主变。

4）中山发电厂 1 号、2 号发电机组。

问题（2）答案要点如下：

（1）本班危险点分析。

1）35kV 官小线发热，需通知线路运行维护单位进行特巡。

2）若 35kV 官小线温度过高，则通知中山发电厂尽量多发电上网，通知 35kV 小泉变用户控制负荷，直至线路温度下降至可接受值。

3）做好 35kV 官小线跳闸的事故预想。

（2）事故预想。

1）若 35kV 官小线跳闸，则 35kV 小泉变 35kV BZT 会动作跳开 35kV 官小线 351 断路器、35kV 小中线 354 断路器和 35kV 钢厂变线 353 断路器，合上 35kV 官小张线 352 断路器。

2）与 35kV 小泉变核实站内供电正常，站用系统正常。

3）与中山发电厂、钢厂变核实小电已解列。

4）下令 35kV 小泉变合上 35kV 小中线 354 断路器和 35kV 钢厂变线 353 断路器。

5）通知地调，要求中山发电厂尽快开机并网，并尽最大能力发电。

6）通知 35kV 钢厂变及其他工业用户只能用保安用电，不能用生产用电。

7）通知集控站严密监控 35kV 花张线、官小张线潮流。

8）下令退出 35kV 小泉变 35kV BZT，将 35kV 官小线转为检修，通知线路运行维护单位查线。

9）汇报领导，计算负荷损失，写事故报告。

问题（3）答案要点如下：

根据电网运行方式及负荷情况考虑，由计算可知，若 35kV 小泉变负荷倒由 35kV 官小张线供电，在当前运行方式下 35kV 花张线必然过负荷，超过热稳极限，因此，操作步骤见表 3-2。

表 3-2　　　　　　　　调　度　操　作　步　骤

受　令　单　位	操　作　项　目
地调	申请将 110kV 官庄变 35kV 分段 312 断路器转为运行
地调	申请将 110kV 官庄变 35kV 官小张线 369 断路器由冷备用转为热备用
35kV 张家营变	退出 35kV BZT
35kV 张家营变	将 35kV 官小张线 372 断路器由运行转为热备用
地调	申请将 110kV 官庄变 35kV 官小张线 369 断路器由热备用转为运行
35kV 张家营变	投入 35kV BZT
35kV 张家营变	退出 35kV 官小张线 372 断路器保护
35kV 张家营变	退出 35kV 官小张线 372 断路器重合闸
35kV 小泉变	退出 35kV BZT
35kV 小泉变	用 35kV 官小张线 352 断路器经同期合环
35kV 小泉变	用 35kV 分段 312 断路器解环
35kV 小泉变	将 35kV 分段 312 断路器由热备用转为冷备用

问题（4）答案要点如下：

35kV 小中线 354 断路器闭锁分闸后该断路器已不具备运行条件，应迅速隔离故障，为保证供电可靠性及 35kV 官小线不超过热稳极限，可采用旁路代供方案，按以下方式进行操作：

（1）投入 35kV 旁路 315 断路器充电保护。

（2）合上 35kV 旁路 315 断路器对 35kV 旁路母线充电。

（3）充电正常后退出 35kV 旁路 315 断路器充电保护，将 35kV 旁路 315 断路器转热备用。

（4）将 35kV 旁路 315 断路器保护定值调整至代供 35kV 中小线 354 断路器保护定值，并退出低频低压减载装置联跳 35kV 中小线 354 断路器保护，投入低频低压减载装置联跳 35kV 旁路 315 断路器保护。

（5）合上 35kV 中小线 3545 隔离开关。

（6）用 35kV 旁路 315 断路器经同期合环。

（7）断开 35kV 旁路 315 断路器、35kV 中小线 354 断路器操作电源。

（8）拉开 35kV 中小线 3546 隔离开关和 3542 隔离开关。

（9）恢复 35kV 旁路 315 断路器操作电源。

（10）将故障设备操作至检修状态，通知检修人员进行处理。